高等学校计算机类"十二五"规划教材

# 计算机原理课程设计

(第二版)

陈智勇　编著

西安电子科技大学出版社

## 内 容 简 介

本书系统地讲述了 CISC、RISC 和流水线微处理器的基本概念、设计原理和分析方法，书中以一个范例的设计为主线，分别介绍了 CISC、RISC 和流水线微处理器的设计步骤、基本结构，以及各单元电路的设计方法和相应的 VHDL 源程序或电路图。

本书内容丰富、取材先进，在阐述基本原理的基础上，给出了设计方法和实例，以帮助读者更好地理解一些比较抽象的概念。书中综合运用了"汇编语言程序设计"、"数字逻辑"、"计算机组成原理"、"计算机系统结构"、"VHDL 程序设计"等多门课程的相关知识，是一本综合性和实践性很强的指导书。

本书不仅可作为高等院校计算机专业和控制类专业本科生的教材或有关专业研究生的教材，也可作为相关领域或技术人员的参考书。

**图书在版编目（CIP）数据**

计算机原理课程设计/陈智勇编著. —2 版. —西安：西安电子科技大学出版社，2014.6
高等学校计算机类"十二五"规划教材
ISBN 978-7-5606-3389-3

Ⅰ. ① 计…　Ⅱ. ① 陈…　Ⅲ. ① 电子计算机—高等学校—教材　Ⅳ. ① TP3

**中国版本图书馆 CIP 数据核字(2014)第 112415 号**

策　　划　马晓娟
责任编辑　马晓娟　王　毅
出版发行　西安电子科技大学出版社(西安市太白南路 2 号)
电　　话　(029)88242885　88201467　　邮　　编　710071
网　　址　www.xduph.com　　　　电子邮箱　xdupfxb001@163.com
经　　销　新华书店
印刷单位　陕西天意印务有限责任公司
版　　次　2014 年 6 月第 2 版　　2014 年 6 月第 3 次印刷
开　　本　787 毫米×1092 毫米　1/16　印　张　10
字　　数　228 千字
印　　数　6001～9000 册
定　　价　17.00 元

ISBN 978-7-5606-3389-3/TP

**XDUP 3681002-3**

# 第二版前言

本书第一版在国内已被多所本科院校使用，得到了广大任课教师、学生和读者的普遍认可。在使用过程中，有部分院校的教师对教材内容的更新提出了一些建设性的意见，比如增加流水线微处理器的设计，使用 Quartus 软件进行开发，使用三数据总线结构的运算器，更新课程设计的题目，程序的注释要更加详细等。本版书在保持一版原有编写风格的基础上，综合考虑了各类意见和建议，对编写内容作了如下修改：

第一，增加了流水线微处理器设计。由于流水线微处理器的设计较复杂，所以它仅适用于重点院校的计算机及相关专业的本科生和普通院校的计算机及相关专业的研究生。书中用较大的篇幅讲述了流水线微处理器设计的关键技术、设计流程及实现方法。

第二，为本科生提供了三种不同的模型计算机数据通路框图。考虑到不同院校使用的计算机组成原理教材不同，既有采用单数据总线结构的 CPU，又有采用三数据总线结构的 CPU，课程设计时可根据本校学生学习的内容，选择不同的模型计算机数据通路框图进行模型计算机设计。

第三，提供的设计题目更加丰富。书中为研究生增设了三级或五级流水线微处理器的设计，并可以从 11 个实现不同功能的题目中任选一个进行详细设计和验证；为本科生提供了三种不同的模型计算机数据通路框图，可分别进行 CISC、定长 CPU 周期的 RISC、变长 CPU 周期的 RISC 设计，可供选择的题目有 11 道，相当于有 99 道不同的题目，根据难易程度的不同将题目又分成了 A 类和 B 类两档，供学生根据自己的兴趣和实际情况进行选择。

第四，为便于本科生直观地了解寄存器逻辑译码功能，将第一版教材中原来位于操作控制器内部的寄存器逻辑译码单元，以多路选择器、译码器和与门的形式设计在顶层电路中，有利于学生了解寄存器的输出控制信号和输入控制信号与指令格式中的源寄存器编码和目的寄存器编码之间的关系。

第五，附录中增加了采用三数据总线结构运算器进行模型机设计的关键技术，供学生在选择相应模型计算机数据通路框图来完成某一程序功能时作为参考。另外，书中复杂功能部件的 VHDL 源程序的注释更加详细。

为满足广大读者的要求，作者曾将开发软件由 MAX+plus Ⅱ 改为 Quartus Ⅱ，但由于 Quartus Ⅱ 在仿真顶层电路内任意器件的输入/输出时操作复杂，不利于没有 Quartus 基础的学生进行设计开发和仿真调试，因此本版仍沿用了第一版的 MAX+plus Ⅱ 开发软件。若读者熟悉 Quartus Ⅱ 并使用该软件进行开发，则只是开发软件的操作方法不同，书中所有的 VHDL 源程序、电路图的连接等均相同。

本书由桂林电子科技大学的陈智勇编著。在第一版的使用过程中，华东政法大学的徐玉麟老师、广西师范大学的刘亮龙老师、湖南工程学院的周向红老师、成都信息工程学院的韩斌老师、天津城市建设学院的张运杰老师、台州学院的翟文正老师、韶关学院的彭玄璋老师等对本书提出了许多宝贵的意见和建议，在此表示衷心的感谢。

书中所有的程序和电路图均直接从源文件中拷出，设计方案均与仿真波形一致。由于时间仓促，排版和审订过程中难免会有不妥之处，希望读者在阅读时，将不妥之处告诉作者(zhychen@guet.edu.cn)，以便在本书修订时进一步提高质量，作者将不胜感激。

有需要计算机原理课程设计上课所用的 PPT 和书中相应软件的教师，可直接与作者联系。

编　者

2014 年 2 月

# 第一版前言

"计算机原理课程设计"是计算机及相关专业的一门重要的实践教学课程，此门课程的学习有助于学生掌握计算机最基本的组成和工作原理，增强动手能力，锻炼学生勇于探索、勤于思考和团结协作的精神。但长期以来，由于此门课程的设计都是在实验台上进行的，这就产生了一系列问题，主要表现在：(1)时序产生器、微指令格式、微指令长度、通用寄存器的个数、运算器的功能、指令系统和指令格式、地址转移逻辑电路、硬联线控制器等都是固定的，缺少设计的灵活性；(2)实际使用的控制存储器容量有限，指令格式和寻址方式简单，使设计出来的模型机功能简单；(3)接线条数多，容易产生接线错误。这些问题严重制约了学生自主开发和设计的能力。

本书就是针对上述不足而编写的，其中具有以下六个特色：

第一，提供的设计题目丰富。书中提供了 CISC、定长 CPU 周期的 RISC、变长 CPU 周期的 RISC 共三类各 12 道题目，共计 36 道不同的题目，并且将每类题目根据难易程度的不同又分成了 A、B、C 三类，每类 4 道题，学生可根据自己的兴趣和实际情况进行选择。

第二，独立于任何计算机原理实验设备。书中采用的课程设计方法是用 EDA 开发软件 MAX+plus Ⅱ 在通用计算机上通过软件来设计硬件，学生只需具备 MAX+plus Ⅱ 软件和通用计算机即可完成该课程设计。

第三，课程设计的思路清晰且各单元电路均有 VHDL 源程序和电路图供参考。学生可以没有 VHDL 程序设计基础，通过阅读范例中的 VHDL 源程序及注释，即可灵活运用所学知识，设计较复杂的 A 类和 B 类题目。书中对 A 类和 B 类题目可能用到的器件也作了介绍，以供学生参考。

第四，有利于培养学生分析问题和解决问题的能力，以及实际动手能力。即使学生选做相同的题目，所设计的顶层电路图、各单元的 VHDL 描述、指令系统、指令格式、汇编语言源程序和机器语言源程序、操作控制器设计等也都会有很大的差别。通过对模型计算机的设计、编译和仿真来分析设计中存在的错误，通过反复调试和错误修订来加深对计算机组成和工作原理的理解。

第五，提供了快速学会 EDA 软件 MAX+plus Ⅱ 的使用方法。书中通过一个实例介绍了在计算机原理课程设计过程中用到的 MAX+plus Ⅱ 的功能。

第六，本书的内容具有较高的实际应用价值。通过本书在计算机原理课程设计中的运用，可为学生以后从事具有微处理功能的专用集成电路开发打下良好的基础。

本课程应在"数字逻辑"、"计算机原理"、"汇编语言程序设计"、"VHDL 程序设计"等课程之后开设。学生若无 VHDL 程序设计基础，在阅读完本书后也可熟练地使用 VHDL 进行较复杂的内容设计。本课程的参考教学时间为 32 学时，学生应根据自己的实际情况在课外花 12～32 学时自学教材内容，进行理论设计并掌握软件的使用方法。

本书由桂林电子科技大学的陈智勇主编，湖南工程学院的周向红和桂林工学院的陆二庆参加了编写。其中，陈智勇编写了第 3、4 章，以及附录一和附录二；周向红编写了第 5

章；陆二庆编写了第 1、2 章。全书由陈智勇统稿。本书承蒙西安石油大学的宋彩利副教授担任主审，他对书稿提出了许多宝贵的修改意见，编者在此深表谢意。西安电子科技大学出版社的马晓娟编辑和雷鸿俊编辑为本书的出版做了大量的工作，在此表示衷心的感谢。

希望读者在阅读此书时，将发现的错误或建议告诉编者(E-mail: zhychen@guet.edu.cn)，以便在再版时进一步提高本书的质量，编者将不胜感激。

若需要计算机原理课程设计各题目的设计方案和相应软件的教师，可直接与编者联系。

编　者
2006年3月

# 目　　录

# 第 1 章　微处理器的设计原理

　　随着 VLSI 技术的迅速发展，计算机的硬件成本不断下降，软件成本不断提高，使得人们热衷于在指令系统中增加更多的指令来强化指令系统的功能，提高操作系统的效率，并尽量缩小指令系统与高级语言之间的语义差距，以便于高级语言的编译，同时也能够降低软件成本。另外，为了使程序兼容，同一系列计算机的新机器和高档机的指令系统只能在旧机器和低档机的基础上进行扩充。这样做的结果必然导致机器的结构，特别是机器指令系统变得越来越庞大，这就形成了所谓的 CISC(复杂指令系统计算机)结构。

　　在 CISC 之后，人们发明了 RISC，即精简指令系统计算机，它的指令等长且指令数较少，通过简化指令格式让计算机的结构更为简单，进而提高了运算速度。虽然现在在服务器上有一些 RISC 的应用，但是在普通的桌面机上它还没流行起来，因为早期的桌面软件是按 CISC 设计的，并一直延续到现在，如果用 RISC，将无法兼容。所以，微处理器厂商一直在走 CISC 的发展之路，这些厂商包括 Intel、AMD，还有其它一些现已更名的厂商，如 TI、Cyrix，以及现在的 VIA 等。不过，由于 RISC 确实在设计和指令结构等方面具有先进的特性，所以现在的 CISC 结构微处理器基本上经过 RISC 改良后，已过渡成以 RISC 为内核、外围是 CISC 界面的微处理器。换句话说，现在的微处理器基本上采用 RISC 技术的内核，通过译码器，将它转换成对外的 CISC 结构，例如 Intel Pentium 系列和 AMD K6 系列就是这种结构的微处理器。

## 1.1　微处理器的组成和功能

　　简单的微处理器由运算器和控制器两部分组成。稍微复杂一点的微处理器由运算器、控制器和片内高速缓存三部分组成。商品化的微处理器除了包含运算器、控制器和片内高速缓存三大基本组成部分外，还有存储管理、总线接口、中断系统等其它功能部件。

　　运算器由算术逻辑运算单元 ALU、通用寄存器、程序状态字 PSW、三态缓冲器和多路选择器组成；另外，在单数据总线结构的运算器中还包括两个暂存器，用来暂时存放参与运算的数据或缓冲运算的结果。

　　控制器由程序计数器 PC、指令寄存器 IR、指令译码器、操作控制器和时序产生器组成。程序计数器用来给出指令的地址，保证程序的顺序执行；指令寄存器用来保存正在执行指令的指令代码；指令译码器用来对指令的操作码进行译码，可以从包含众多指令的指令系统中识别出各种不同功能的指令；操作控制器的主要功能，就是根据指令的操作码和时序信号，产生各种具有时间标志的操作控制信号，以便建立正确的数据通路，从而完成取指令和执行指令的控制；时序产生器根据时钟脉冲源的时钟输入产生节拍脉冲信号。

CISC 微处理器的操作控制器一般采用微程序控制器，RISC 微处理器的操作控制器一般采用硬连线控制器，控制器的控制方式常用联合控制方式。

在采用单数据总线结构运算器的微处理器计算机中，为方便对主存储器中 ROM 和 RAM 的访问，设计时会增加主存地址寄存器 MAR，有时还会增加主存数据缓冲器 MDR。主存地址寄存器用来存放指令或操作数在主存空间的地址。主存数据缓冲器用来存放即将写入 RAM 的操作数或从 RAM 中读出的操作数。

微处理器在运行程序时，根据程序计数器 PC 的值自动地从主存储器中取出一条指令，然后对指令进行分析，即对指令的操作码进行译码或测试，以识别指令的功能，并根据不同的操作码(寻址方式 X)、状态反馈信息(只针对硬连线控制器)和时序产生器产生的时序信号，生成具有时间标志的操作控制信号，送到相应的执行部件，定时启动所要求的操作，以控制数据在微处理器、主存储器和输入/输出设备之间流动，指挥运算器操作，完成对数据的加工和处理。与此同时，它还修改程序计数器 PC 的值，给出后继指令在主存储器中的位置，自动地、逐条地取指令、分析指令和执行指令，直到指令序列终止、全部执行完毕为止。因此，微处理器的基本功能可以归纳为以下几个方面：

(1) 指令控制，即对指令执行顺序的控制。程序由一个指令序列构成，这些指令在逻辑上的相互关系不能改变。微处理器必须对指令的执行进行控制，保证指令序列执行结果的正确性。

(2) 操作控制，即对取指令、分析指令和执行指令过程中所需的操作进行控制。一条指令的解释一般需要几个操作步骤来实现，每个操作步骤实现一定的功能，每个功能的实现都需要相应的操作控制信号，微处理器必须把各种操作控制信号送往相应的部件，从而控制这些部件完成相应的动作。

(3) 时间控制，即对各种操作进行时间上的控制。一方面，在每个操作步骤内的有效操作信号均受时间的严格限制，必须保证按规定的时间顺序启动各种动作。另一方面，对指令解释的操作步骤也要进行时间上的控制。

(4) 数据加工，即对数据进行算术运算和逻辑运算处理。完成数据的加工处理，这是 CPU 最基本的功能。

此外，商品化微处理器还具有异常处理和中断处理、存储管理、总线管理、电源管理等扩展功能。异常处理和中断处理是指在运行程序时，如果出现某种紧急的异常事件，如算术运算时除数为零、内存条故障、外设发出中断请求等，微处理器必须对这些事件进行处理；存储管理包括虚拟存储器的管理及存储器的保护等；总线管理是对微处理器所连接的系统总线进行总线请求优先权的裁决、总线数据传输的同步控制等；电源管理用于减少微处理器芯片的功耗和发热等。

# 1.2    CISC 微处理器设计遵循的一般原则

在 CISC 微处理器中，程序的各条指令是按顺序串行执行的，每条指令中的各个操作也是按顺序串行执行的。顺序执行的优点是控制简单，但机器各部分的利用率不高，执行速度慢。CISC 能够有效缩短新指令的微代码设计时间，允许设计师实现 CISC 体系机器的向后兼容。新的系统可以使用一个包含早期系统指令的超集，然后，也就可以使用较早电脑上使用的相同软件。

CISC 微处理器设计遵循的一般原则为：

(1) 庞大的指令系统。庞大的指令系统可以减少编程所需要的代码行数，减轻程序员的负担。

(2) 指令使用较多的寻址方式。一般的 CISC 都使用一个数目为 8 到 24 的小型通用寄存器组(GPR)，使用寄存器寻址和基于多种寻址方式的存储器访问操作。多种寻址方式的应用有利于简化高级语言的编译，但计算机中包含的指令和寻址方式越多，则需要越多的硬件逻辑来实现和支持。

(3) 采用可变长度的指令格式。如果操作数采用寄存器寻址，指令长度可能只有一到两个字节；如果操作数采用存储器寻址，指令长度就可能达到五个字节，甚至更长。采用可变长度的指令格式和多种寻址方式有利于增强指令的功能。

(4) 采用微程序控制器。

# 1.3　微程序控制器的基本原理

微程序控制器的基本控制思想是：仿照通常的解题程序的方法，把操作控制信号编成所谓的"微指令"，存放到一个只读存储器里；当机器运行时，相应部件逐条地读出这些微指令，从而产生全机所需要的各种操作控制信号，使相应部件执行所规定的操作。

微程序控制器组成原理框图如图 1-1 所示。它主要由控制存储器、微指令寄存器和地址转移逻辑电路三大部分组成，其中微指令寄存器又分为微地址寄存器和微命令寄存器两部分。

## 1.3.1　控制存储器

控制存储器用来存放实现全部指令系统的微程序，它是一种只读型存储器。微程序是指能实现一条机器指令功能的微指令序列。微指令是指在一个 CPU 周期内，能实现一定操作功能的微命令的组合(也有可能是微命令的编码)。而微命令则是由控制部件发往执行部件的操作控制命令。这些操作控制命令与某个时序信号经过某种逻辑操作后作为某个执行部件的控制信号。微命令的编码有三种方法：直接表示法、编码表示法和混合表示法。若微命令字段采用直接表示法，则微指令称为全水平型微指令。直接表示法的意思是一个操作控制信号用一位的微命令编码表示。图 1-1 中操作控制字段的输出就是微命令，无需经过译码电路，其优点是编码容易、执行速度快；缺点是当计算机设计复杂时(即控制信号较多时)，微指令的长度会很长，从而占用较大的控制存储器空间。

一旦微程序固化，机器运行时则只读不写。其工作过程是：每读出一条微指令，就执行这条微指令；接着又读出下一条微指令，又执行这一条微指令，如此反复。读出一条微指令并执行微指令的时间称为一个微指令周期。通常，在串行方式的微程序控制器中，微指令周期就是只读存储器的工作周期。控制存储器的字长就是微指令字的长度，其存储容量视机器系统而定，即取决于微程序的数量。对控制存储器的要求是速度快、读出周期短。

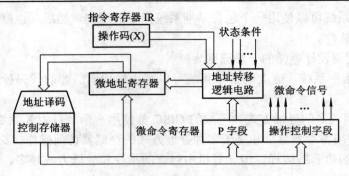

图 1-1 微程序控制器组成原理框图

### 1.3.2 微指令寄存器

微指令寄存器用来存放由控制存储器读出的一条微指令信息。微地址寄存器决定将要访问的下一条微指令的微地址，而微命令寄存器则保存一条微指令的操作控制字段和判别测试字段(P 字段)的信息。

### 1.3.3 地址转移逻辑电路

在一般情况下，微指令由控制存储器读出后直接给出下一条微指令的微地址，这个微地址信息就存放在微地址寄存器中。如果微程序不出现分支，那么下一条微指令的微地址就直接由微地址寄存器给出。当微程序出现分支时，意味着微程序出现条件转移。在这种情况下，通过判别测试字段、指令的操作码、寻址方式和执行部件的"状态条件"反馈信息，去修改微地址寄存器的内容，并按修改后的内容去读下一条微指令。地址转移逻辑电路就承担自动完成修改微地址的任务。

## 1.4　RISC 微处理器设计遵循的一般原则

随着计算机系统向高速度、低功耗、低电压和多媒体、网络化、移动化的发展，对电路的要求越来越高，传统集成电路设计技术已无法满足性能日益提高的整机系统的要求。RISC 是 20 世纪 70 年代后期兴起的，它一直是计算机发展的主流，特别是现代计算机采用的新技术，如多发射的超标量超流水处理器，都是在 RISC 的基础上发展起来的。尽管其发展趋势将逐步与 CISC 结合，但 RISC 的设计技术仍然占主导地位。学习并掌握 EDA 技术及 RISC 的设计原理，对于进一步深入研究 EDA 技术在新一代微处理器中的应用具有重大的意义。

RISC 微处理器设计遵循的一般原则为：

(1) 确定指令系统时，只选用使用频度很高的那些指令，在此基础上增加少量能有效支持操作系统和高级语言实现及其它功能的最有用指令。

(2) 大大减少系统中采用的寻址方式的种类，一般不超过三种。简化指令格式，使之限制在两种寻址方式之内，并使指令长度尽可能等长。

(3) 若指令的执行采用流水方式实现，则所有指令的执行都在一个机器周期内完成。

(4) 采用大量的通用寄存器，尽可能减少访存操作，使大部分指令的操作均在寄存器间进行，只有存和取指令才可以访存。

(5) 为提高指令执行的速度，大部分指令的解释采用硬连线控制，只有极少数的复杂指令采用微程序控制。

## 1.5　硬连线控制器的基本原理

硬连线控制器把控制部件看作为产生专门固定时序控制信号的逻辑电路，而此逻辑电路以使用最少元件和取得最高操作速度为设计目标。这种逻辑电路是一种由门电路和触发器构成的复杂树形网络，一旦控制部件构成，除非重新设计和物理上对它重新布线，否则要想增加新的控制功能是不可能的。

硬连线控制器产生的任何一个控制信号 C，都是指令操作码的译码信号 $I_m$、节拍电位信号 $M_k$、节拍脉冲信号 $T_i$ 和状态条件信号 $B_j$ 的逻辑函数，即

$$C = f(I_m, \ M_k, \ T_i, \ B_j)$$

硬连线控制器的基本原理框图如图 1-2 所示。

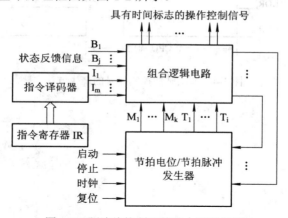

图 1-2　硬连线控制器的基本原理框图

## 1.6　时序产生器的设计原理

微处理器的时钟信号 CLK 和清零信号 CLR 由外部输入，节拍脉冲信号 $T_i$ 由时序产生器产生。图 1-3 描述了节拍脉冲信号 $T_i$ 与外部时钟信号 CLK、清零信号 CLR 的时序关系。

由图 1-3 可以看出，节拍脉冲信号 $T_1$、$T_2$、$T_3$、$T_4$ 实际上是以 CLK 为时钟输入信号的计数器状态经译码器译码后产生的，此时，很容易写出节拍脉冲信号的逻辑表达式，并用 VHDL 语言实现之，然后，再创建成一个图元(元件符号)，如 3.10 节所示。如果某个节拍脉冲控制信号 $LDR_i$ 在某个 CPU 周期内 $T_4$ 的上升沿有效，则可将微程序控制器输出的节拍电位信号 $LDR_i'$(高电平有效)与 $T_4$ 相"与"后，作为带有时序的节拍脉冲控制信号 $LDR_i$，如图 1-4 所示。

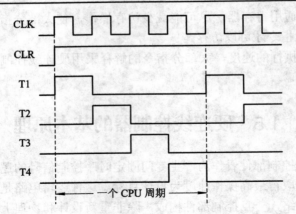

图 1-3 $T_1$、$T_2$、$T_3$、$T_4$ 与 CLK、CLR 之间的关系图

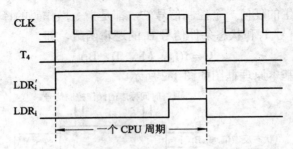

图 1-4 节拍脉冲控制信号的产生方法

# 第 2 章　课程设计的要求、原理及方法

## 2.1　课程设计的题目和内容

### 2.1.1　课程设计的题目

对计算机及相关专业的研究生，要求设计一台三级或五级流水线微处理器，五级流水线微处理器必须考虑对 RAM 的访问，并能够运行具有一定功能的机器语言源程序，从而对其进行验证。流水线微处理器的设计原理、方法及步骤详见第 4 章和第 5 章。

对计算机及相关专业的本科生，要求设计一台嵌入式 CISC 模型计算机或嵌入式 RISC 模型计算机(采用定长 CPU 周期或变长 CPU 周期)。模型计算机的数据通路框图可从图 2-1、图 2-2、图 2-3 中任选一个。该模型计算机能够运行具有一定功能的机器语言源程序，从而对其进行验证。

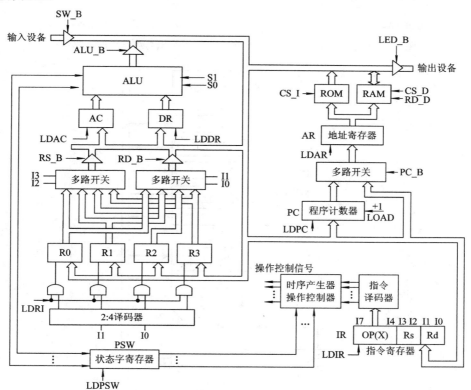

图 2-1　模型计算机的数据通路框图 1(采用单数据总线结构的运算器)

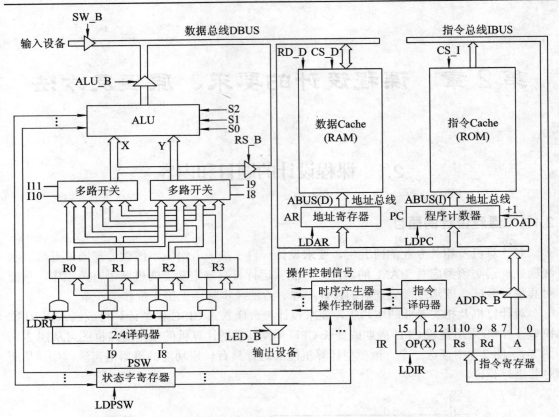

图 2-2 模型计算机的数据通路框图 2(采用三数据总线结构的运算器)

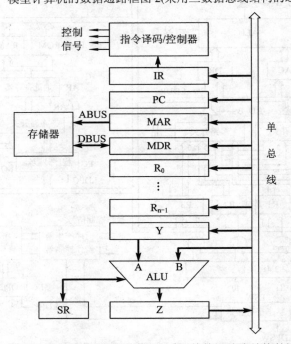

图 2-3 模型计算机的数据通路框图 3(采用单数据总线结构的运算器)

程序功能可从以下两类中任选一个：

A 类(最高成绩为"优")：

- 输入包含 5 个整数(有符号数)的数组 M，输出所有负数的平方和。
- 输入包含 5 个整数(有符号数)的数组 M，输出最大负数的绝对值。
- 输入包含 5 个整数(有符号数)的数组 M，按从小到大的顺序输出这 10 个整数。
- 输入包含 10 个整数(有符号数)的数组 M，将其分成正数数组 P 和负数数组 N，依次输出正数数组 P 中的整数及正数的个数。
- 输入包含 10 个整数(无符号数)的数组 M，输出众数(出现次数最多的数)及其出现的次数。
- 输入包含 10 个整数(无符号数)的数组 M，输出中位数。
- 输入 5 个整数(有符号数)，输出它们的平均值，以及小于此平均值的数的个数。

说明：A 类题目的嵌入式模型计算机内必须使用 RAM 存储器读写数据，相应地需要设计对 RAM 存储器数据的读写指令，以及对 RAM 中数组操作必需的寄存器间接寻址方式等。

B 类(最高成绩为"良")：

- 输入 5 个整数(有符号数)，输出所有负数的平方和。
- 输入 5 个整数(有符号数)，输出最大负数的绝对值。
- 输入 3 个整数(无符号数)，比较这三个数并在输出设备上显示如下信息：

(1) 如果三个数都不相等，则显示 0；

(2) 如果三个数有两个相等，则显示 1；

(3) 如果三个数都相等，则显示 2。

- 输入两个整数(无符号数)，完成如下功能：

(1) 若两个数中有一个是奇数，则输出这个奇数；

(2) 若两个数均为奇数，则输出较小的那个奇数；

(3) 若两个数均为偶数，则输出较大的那个偶数。

说明：B 类题目的嵌入式模型计算机内可以不使用 RAM 存储器或不需要对 RAM 进行数据读写操作。

★ 范例　求 1 到任意一个整数 N 之间的所有奇数之和并输出显示，和为单字长。

说明：N 从开关输入，和从数码管输出，然后输出显示停止。

本书的第 2 章至第 5 章的内容均是围绕范例来介绍的。

## 2.1.2　课程设计完成的内容

课程设计完成的内容包括：

(1) 完成系统的总体设计，画出模型机数据通路框图；

(2) 设计微程序控制器(CISC 模型计算机)或硬连线控制器(RISC 模型计算机)的逻辑结构框图；

(3) 设计机器指令格式和指令系统；

(4) 设计时序产生器电路；

(5) 设计所有机器指令的微程序流程图(CISC 模型计算机)或 CPU 操作流程图(RISC 模

型计算机);

(6) 设计操作控制器单元, 它分为以下两种情况:

① 若设计的是 CISC 模型计算机, 则设计微指令格式(建议采用全水平型微指令), 并根据微程序流程图和微指令格式设计微指令代码表, 然后, 根据微程序控制器的逻辑结构框图、微指令格式和微指令代码设计微程序控制器, 包括地址转移逻辑电路、微地址寄存器、微命令寄存器和控制存储器等;

② 若设计的是 RISC 模型计算机, 则根据 CPU 操作流程图、RISC 模型机数据通路框图、硬连线控制器逻辑框图和时序产生器电路写出模型机中所有控制信号的逻辑表达式, 然后, 根据逻辑表达式设计 RISC CPU 中的硬连线控制器。

(7) 设计模型机的所有单元电路, 并用 VHDL 语言(也可使用 GDF 文件——图形描述文件)对模型机中的各个部件进行编程, 并使之成为一个统一的整体, 即形成顶层电路。

(8) 由给出的题目和设计的指令系统编写相应的汇编语言源程序。

(9) 根据设计的指令格式, 将汇编语言源程序手工转换成机器语言源程序, 并将其设计到模型机的 ROM 中去。

(10) 使用 EDA 软件进行功能仿真, 要保证其结果满足题目的要求(其中要利用 EDA 软件提供的波形编辑器, 选择合适的输入/输出信号及中间信号进行调试)。

(11) 选用实验台使用的 FPGA 芯片, 进行器件编程和时序仿真, 并将顶层电路下载到专用的 EDA 实验台后再进行操作演示。

## 2.2 课程设计的基本要求

该课程设计作为一门独立的课程, 要求学生掌握 CISC 模型机或 RISC 模型机的组成和工作原理, 学会 Altera MAX+plus II 或 Altera Quartus II EDA 软件的使用, 能用 VHDL 语言和 EDA 软件设计一个具有一定功能的模型计算机, 并通过仿真一个程序的执行来验证模型机设计的正确性。

## 2.3 课程设计的具体步骤

### 2.3.1 完成系统的总体设计

完成系统的总体设计, 画出模型机数据通路框图, 如图 2-4 所示。在设计模型机时, 根据所选题目的复杂程度不同, 模型机数据通路也会有较大的差别。模型机由 CISC/RISC 微处理器、地址寄存器 AR、ROM 存储器(复杂的设计需要增加 RAM 存储器)、多路开关等组成。微处理器由算术逻辑运算单元 ALU、程序状态字 PSW、累加器 AC、数据暂存器 DR、通用寄存器 R0~R3、程序计数器 PC、指令寄存器 IR、操作控制器和时序产生器组成。CISC 模型机与 RISC 模型机的最大区别在于操作控制器的设计, CISC 模型机采用微程序控制器, 而 RISC 模型机则采用硬连线控制器。根据模型机设计复杂程度的不同, 系统中可以设计多个通用寄存器, 同时, 可以选择 ROM 存储器或 RAM 存储器。模型机顶层电路的设计过程可参考第 3 章。

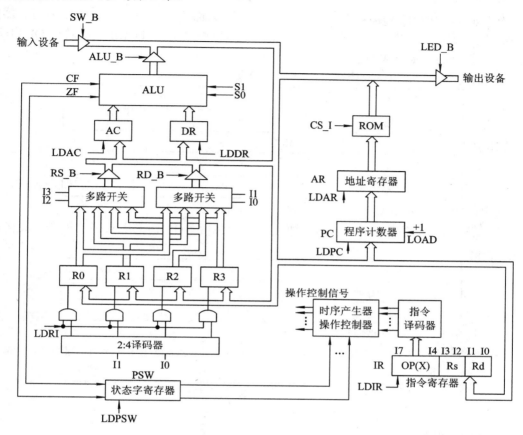

图 2-4　模型机数据通路框图

### 2.3.2　设计控制器的逻辑结构框图

在本书的第 1 章分别介绍了 CISC 模型机中采用的微程序控制器和 RISC 模型机中采用的硬连线控制器，从中可以看出它们的工作原理和组织结构有较大的差别。微程序控制器的逻辑结构框图如图 1-1 所示，硬连线控制器的逻辑结构框图如图 1-2 所示。

### 2.3.3　设计机器指令格式和指令系统

CISC 模型机的指令系统采用复杂的指令格式、多种指令字长度和多种寻址方式，虽然指令功能强大，但是单条指令的执行速度较慢；RISC 模型机的指令系统采用简单的指令格式、一到两种指令字长度、两到三种寻址方式，大部分操作均在通用寄存器之间进行。为了方便介绍，全书无论是 CISC 模型机还是 RISC 模型机，均采用了相同的指令系统，该指令系统中共采用了 8 条不同功能的指令，指令字长度有单字长(一个字节)和双字长(两个字节)两种，寻址方式有三种，它们分别是寄存器寻址、直接寻址和立即寻址。在设计模型机时，根据所选题目的复杂程度不同，设计的指令系统中包含的指令条数、指令字长度、指令功能的复杂程度、不同指令采用的寻址方式也会有较大的差别。这里仅以 2.1.1 节中的范例为例，介绍机器指令格式和指令系统的设计方法。

　　为了完成求和功能，系统中设计了八条指令：IN1(输入)，MOV(将一个数送入寄存器)，CMP(比较)，JB(小于跳转)，ADD(两数相加)，INC(自增 1)，JMP(无条件跳转)，OUT1(输出)。这些指令的指令格式如下：

　　(1) I/O 指令。输入(IN1)指令采用单字节指令，其格式如下：

| 7 | 6 | 5 | 4 | 3 | 2 | 1 | 0 |
|---|---|---|---|---|---|---|---|
| 操作码 | | | | × | × | Rd | |

　　输出(OUT1)指令采用单字节指令，其格式如下：

| 7 | 6 | 5 | 4 | 3 | 2 | 1 | 0 |
|---|---|---|---|---|---|---|---|
| 操作码 | | | | Rs | | × | × |

　　其中："Rs"表示源寄存器，"Rd"表示目的寄存器。

　　(2) 转移指令。条件转移指令(JB)和无条件转移指令(JMP)采用双字节指令，其格式如下：

| 7 | 6 | 5 | 4 | 3 | 2 | 1 | 0 |
|---|---|---|---|---|---|---|---|
| 操作码 | | | | × | × | × | × |
| 地　　　　　址 | | | | | | | |

　　"地址"中的值就是要转移的地址值。

　　(3) 比较指令和相加指令。比较指令(CMP)和相加指令(ADD)采用单字节指令，其格式如下：

| 7 | 6 | 5 | 4 | 3 | 2 | 1 | 0 |
|---|---|---|---|---|---|---|---|
| 操作码 | | | | Rs | | Rd | |

　　(4) MOV 指令。MOV 指令采用双字节指令，其格式如下：

| 7 | 6 | 5 | 4 | 3 | 2 | 1 | 0 |
|---|---|---|---|---|---|---|---|
| 操作码 | | | | × | × | Rd | |
| 立　　即　　数 | | | | | | | |

　　(5) 自增 1 指令。自增 1 指令(INC)采用单字节指令，其格式如下：

| 7 | 6 | 5 | 4 | 3 | 2 | 1 | 0 |
|---|---|---|---|---|---|---|---|
| 操作码 | | | | × | × | Rd | |

　　以下是对 Rs 和 Rd 的规定：

| Rs 或 Rd | 选定的寄存器 |
|---|---|
| 0　0 | R0 |
| 0　1 | R1 |
| 1　0 | R2 |
| 1　1 | R3 |

　　模型机规定数据采用定点整数补码表示，单字长为 8 位，其格式如下：

| 7 | 6 | 5 | 4 | 3 | 2 | 1 | 0 |
|---|---|---|---|---|---|---|---|
| 符号位 | 尾数 | | | | | | |

由此可见，本模型机中的指令系统中共有 8 条基本指令，表 2-1 列出了每条指令的助记符号、指令格式和功能。

表 2-1　8 条基本指令的助记符号、指令格式和功能

| 助记符号 | 指令格式 | | | 功　　能 |
|---|---|---|---|---|
| IN1　Rd | 0 0 0 0 | ×× | Rd | 将数据存到 Rd 寄存器 |
| MOV Rd,data | 0 0 0 1 | ×× | Rd | data→Rd |
| | data | | | |
| CMP Rs,Rd | 0 0 1 0 | Rs | Rd | (Rs)−(Rd)，锁存 CF 和 ZF |
| JB　addr | 0 0 1 1 | ×× | ×× | 若小于，则 addr→PC |
| | addr | | | |
| ADD Rs,Rd | 0 1 0 0 | Rs | Rd | (Rs)+(Rd)→Rd |
| INC Rd | 0 1 0 1 | ×× | Rd | (Rd)+ 1→Rd |
| JMP addr | 0 1 1 0 | ×× | ×× | addr→PC |
| | addr | | | |
| OUT1 Rs | 0 1 1 1 | Rs | ×× | (Rs)→LED |

## 2.3.4　设计时序产生器电路

模型机中时序产生器的设计原理见 1.6 节，设计方法详见 3.10 节。

## 2.3.5　设计微程序流程图或 CPU 操作流程图

机器指令的操作码决定了指令的功能，而指令功能的实现是靠一系列有时间顺序的控制信号来完成的。在 CISC 模型机中，微程序控制器产生的控制信号不带时间标志，其输出与时序产生器产生的节拍脉冲信号经过某种逻辑运算后，产生具有时间标志的操作控制信号；在 RISC 模型机中，硬连线控制器将指令操作码的译码信息、模型机系统的状态反馈信息(这里只包含程序状态字 PSW 的内容)、时序产生器产生的节拍脉冲信号和节拍电位信号作为输入，直接产生具有时间标志的控制信号。

微程序控制器和硬连线控制器在设计过程上有很大的差别。微程序控制器的设计过程如下：

(1) 根据指令格式和指令系统设计所有机器指令的微程序流程图，并确定每条微指令的微地址和后继微地址；

(2) 设计微指令格式和微指令代码表；

(3) 设计地址转移逻辑电路；

(4) 设计微程序控制器中的其它逻辑单元电路，包括微地址寄存器、微命令寄存器和控制存储器；

(5) 设计微程序控制器的顶层电路(由多个模块组成)。

硬连线控制器的设计过程为：

(1) 根据指令格式和指令系统设计所有指令的 CPU 操作流程图，并确定每步操作(图中

为一个方框)位于哪一个节拍脉冲和哪一个节拍电位；

(2) 确定每步操作(图中为一个方框)对应的哪些控制信号有效，是高电平有效，还是低电平有效，还是上升沿触发；

(3) 写出所有控制信号的逻辑表达式；

(4) 设计硬连线控制器的顶层电路(一般为一个模块)。

由于在硬连线控制器中，每个控制信号的确定要涉及所有指令中的每步操作，并且与时序信号、状态反馈信号等都有关系，因此当指令系统中的指令条数增加时，控制器的设计将非常复杂，远远高于微程序控制器的设计。微程序控制器尽管由多个模块组成，但只要 CISC 模型机的结构不变，改变指令系统时只需修改控制存储器的内容即可。

### 1. 微程序流程图

根据图 2-4，以及所有指令在 CISC 模型机中的操作过程，画出所有机器指令的微程序流程图，如图 2-5 所示。图中每个框为一个 CPU 周期(包含 T1～T4 共 4 个节拍脉冲周期)，对应于一条微指令。框上面的十六进制数表示的是当前微指令在控制存储器中的微地址，框下面的十六进制数表示的是当前微指令的后继微地址(或称直接微地址)。在编写微指令时，图中的菱形框从属于它上面的方框。

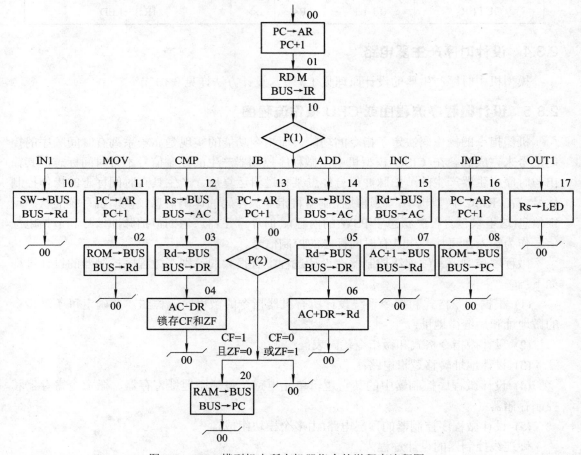

图 2-5　CISC 模型机中所有机器指令的微程序流程图

### 2. CPU 操作流程图

根据图 2-4，以及所有指令在 RISC 模型机中的操作过程，画出机器指令的 CPU 操作流程图，如图 2-6 所示。在 CPU 操作流程图中，每个方框占用一个 T 周期(节拍脉冲周期)，4 个 T 周期为一个节拍电位周期(CPU 周期)，这 4 个 T 周期在时序产生器的输出中依次为 T1、T2、T3、T4。从图 2-6 中可以看出，只有 CMP 指令和 ADD 指令的执行需用两个 CPU 周期，其它指令只需一个 CPU 周期即可。由于系统中任何一条指令的执行最多需要两个 CPU 周期，因此可采用一个 1 位的触发器状态来表示节拍电位，这里设计时用触发器的状态 M=0 表示第 1 个节拍电位，M=1 表示第 2 个节拍电位。若采用定长的 CPU 周期，当需要两个节拍电位的指令执行到 T4 的下降沿时，M 将会由 0 翻转成 1(第 1 个节拍电位结束)或由 1 翻转成 0(第 2 个节拍电位结束)，而需要 1 个节拍电位的指令在整个执行过程中 M 的值保持不变，一直为 0；若采用变长的 CPU 周期，M 的变化与定长的 CPU 周期相似，但当执行完任何一条指令时，M 将被强制清"0"，而节拍脉冲信号将被复位到 T1。

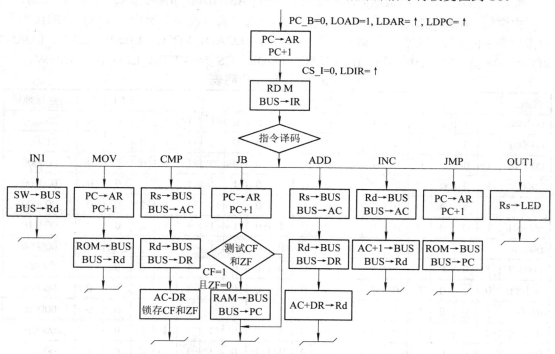

图 2-6　RISC 模型机中所有机器指令的 CPU 操作流程图

由于在同一个时钟周期可能存在两个先后完成的动作，为了表示此时序，FPGA 芯片和 VHDL 语言的设计均使用外部时钟脉冲 CLK 作为输入。若动作在 Ti 的前半部分完成，则采用 CLK AND Ti 作为控制信号的时序；若动作在 Ti 的后半部分完成，则采用 NOT CLK AND Ti 作为控制信号的时序；图 2-6 中画出的"↑"表示控制信号在某个时钟脉冲 Ti 的上升沿有效，此时，可采用 NOT CLK AND Ti 来表示该控制信号；方框右上角标出的内容为该操作所需的控制信号。由于篇幅的限制，图 2-6 中只写出了完成取指的两个操作的控制信号，其它控制信号类似。每个操作过程所需控制信号的确定是采用 VHDL 设计 RISC 微处理器中控制器的基础。机器指令执行完后返回取指是由节拍电位信号 M 来控制的。另需说明的是，判断框(菱形框)应该在它对应的下一个方框中考虑。

### 2.3.6  设计操作控制器单元

上一节介绍了设计操作控制器的过程，以及微程序流程图和 CPU 操作流程图的设计方法，这一节主要介绍设计操作控制器的其它过程。

#### 1. 微程序控制器

1) 设计微指令格式和微指令代码表

CISC 模型机系统使用的微指令采用全水平型微指令，字长为 24 位，其中微命令字段为 16 位，P 字段为 2 位，后继微地址为 6 位，其格式如下：

| 23 | 22 | 21 | 20 | 19 | 18 | 17 | 16 15 | 14 | 13 | 12 | 11 | 10 | 9 | 8 | 7 6 | 5 4 3 2 1 0 |
|---|---|---|---|---|---|---|---|---|---|---|---|---|---|---|---|---|
| LOAD | LDPC | LDAR | LDIR | LDRI | RD_B | RS_B | S1 S0 | ALU_B | LDAC | LDDR | CS_I | SW_B | LED_B | LDPSW | P1 P2 | 后继微地址 |

微指令格式中的后继微地址从左至右依次为 $\mu A5$、$\mu A4$、$\mu A3$、$\mu A2$、$\mu A1$ 和 $\mu A0$。

由微指令格式和微程序流程图编写的微指令代码表如表 2-2 所示。在微指令的代码表中微命令字段从左到右代表的微命令信号依次为：LOAD、LDPC、LDAR、LDIR、LDRI、RD_B、RS_B、S1、S0、ALU_B、LDAC、LDDR、CS_I、SW_B、LED_B、LDPSW。

表 2-2  微指令代码表

| 微地址 | 微命令字段 | | | | | | | | | | | | | | | | P1 | P2 | 后继微地址 |
|---|---|---|---|---|---|---|---|---|---|---|---|---|---|---|---|---|---|---|---|
| 000000 | 1 | 1 | 1 | 0 | 0 | 1 | 1 | 0 | 0 | 1 | 0 | 0 | 1 | 1 | 1 | 0 | 0 | 0 | 000001 |
| 000001 | 1 | 0 | 0 | 1 | 0 | 1 | 1 | 0 | 0 | 1 | 0 | 0 | 0 | 1 | 1 | 0 | 1 | 0 | 010000 |
| 000010 | 1 | 0 | 0 | 0 | 1 | 1 | 1 | 0 | 0 | 0 | 0 | 0 | 1 | 1 | 0 | 0 | 0 | 0 | 000000 |
| 000011 | 1 | 0 | 0 | 0 | 0 | 0 | 1 | 0 | 0 | 1 | 0 | 1 | 1 | 1 | 0 | 0 | 0 | 0 | 000100 |
| 000100 | 1 | 0 | 0 | 0 | 0 | 0 | 1 | 0 | 0 | 1 | 1 | 0 | 0 | 1 | 1 | 1 | 0 | 0 | 000000 |
| 000101 | 1 | 0 | 0 | 0 | 0 | 0 | 0 | 1 | 0 | 0 | 1 | 1 | 1 | 1 | 0 | 0 | 0 | 0 | 000110 |
| 000110 | 1 | 0 | 0 | 0 | 0 | 1 | 1 | 0 | 0 | 0 | 1 | 0 | 1 | 1 | 0 | 0 | 0 | 0 | 000000 |
| 000111 | 1 | 0 | 0 | 0 | 0 | 1 | 1 | 0 | 1 | 0 | 0 | 1 | 1 | 1 | 0 | 0 | 0 | 0 | 000000 |
| 001000 | 0 | 1 | 0 | 0 | 0 | 0 | 0 | 0 | 0 | 0 | 0 | 1 | 1 | 0 | 0 | 0 | 0 | 0 | 000000 |
| 010000 | 1 | 0 | 0 | 0 | 0 | 0 | 0 | 0 | 0 | 0 | 1 | 0 | 1 | 1 | 0 | 0 | 0 | 0 | 000000 |
| 010001 | 1 | 1 | 1 | 0 | 0 | 0 | 1 | 0 | 0 | 0 | 0 | 0 | 1 | 1 | 0 | 0 | 0 | 0 | 000010 |
| 010010 | 1 | 0 | 0 | 0 | 0 | 1 | 1 | 0 | 0 | 0 | 1 | 1 | 1 | 1 | 0 | 0 | 0 | 0 | 000011 |
| 010011 | 1 | 1 | 1 | 0 | 0 | 0 | 1 | 0 | 0 | 0 | 0 | 0 | 1 | 1 | 0 | 0 | 0 | 1 | 000000 |
| 010100 | 1 | 0 | 0 | 0 | 0 | 0 | 0 | 0 | 0 | 0 | 1 | 1 | 1 | 1 | 0 | 0 | 0 | 0 | 000101 |
| 010101 | 1 | 0 | 0 | 0 | 0 | 0 | 0 | 0 | 0 | 0 | 1 | 1 | 1 | 1 | 0 | 0 | 0 | 0 | 000111 |
| 010110 | 1 | 0 | 0 | 1 | 0 | 0 | 0 | 0 | 0 | 0 | 1 | 1 | 1 | 1 | 0 | 0 | 0 | 0 | 001000 |
| 010111 | 1 | 0 | 0 | 0 | 0 | 0 | 0 | 0 | 0 | 1 | 1 | 0 | 1 | 1 | 0 | 0 | 0 | 0 | 000000 |
| 100000 | 0 | 1 | 0 | 0 | 0 | 0 | 1 | 1 | 0 | 0 | 1 | 0 | 0 | 0 | 1 | 1 | 0 | 0 | 000000 |

2) 设计地址转移逻辑电路

地址转移逻辑电路是根据微程序流程图 2-5 中的菱形框部分及多个分支微地址，同时，利用微地址寄存器的异步置"1"端,来实现微地址的多路转移的。由于是采用逻辑电路来实现的,故称之为地址转移逻辑电路。在图 2-5 中,进行 P(1)(高电平有效)测试时,根据指令的操作码 I7~I4 强制修改后继微地址的低 4 位;进行 P(2)(高电平有效)测试时,根据借位标志 CF 和零标志 ZF 进行两路分支,并且都在 T4 内形成后继微指令的微地址。

由于微地址寄存器中的触发器异步置"1"端低电平有效,因此与 μA5~μA0 对应的异步置"1"控制信号 SE5~SE0(μA4 的异步置"1"端 SE4 实际未使用)的逻辑表达式为

$$SE5 = \overline{(CF \cdot \overline{ZF}) \cdot P(2) \cdot T4}$$

$$SE3 = \overline{I7 \cdot P(1) \cdot T4}$$

$$SE2 = \overline{I6 \cdot P(1) \cdot T4}$$

$$SE1 = \overline{I5 \cdot P(1) \cdot T4}$$

$$SE0 = \overline{I4 \cdot P(1) \cdot T4}$$

上述逻辑表达式的含义为:在进行 P(1)测试时,根据指令操作码 I7、I6、I5、I4 进行 16 路分支;在进行 P(2)测试时,根据状态标志 CF 和 ZF 进行 2 路分支;本程序使用了 P(1) 和 P(2)测试来形成后继微指令的微地址,转入各分支完成的具体功能详见微程序流程图 2-5。

**2. 硬连线控制器**

根据 2.3.5 节介绍的硬连线控制器的设计过程,以及图 2-6 写出的所有控制信号的逻辑表达式,直接用 VHDL 语言设计硬连线控制器即可。

## 2.3.7  设计单元电路

设计模型机中的所有单元电路,并用 VHDL 语言(也可使用 GDF 文件——图形描述文件)对模型机中的各个部件进行编程,并使之成为一个统一的整体,即形成顶层电路。具体设计方法详见第 3 章。

## 2.3.8  编写汇编语言源程序

由 2.1.1 节中的范例和设计的指令系统编写相应的汇编语言源程序。算法思想为:采用 R0 寄存器存放从开关输入的任意一个整数,R1 存放准备参加累加运算的奇数,R2 存放累加和,用一个循环程序实现如下:

| | |
|---|---|
| IN1 R0 | 功能:从开关输入任意一个整数 n→R0 |
| MOV R1,1 | 将立即数 1→R1(R1 用于存放参与运算的奇数) |
| MOV R2,0 | 将立即数 0→R2(R2 用于存放累加和) |
| L1: CMP R0,R1 | 将 R0 的整数 n 与 R1 的奇数进行比较,锁存 CF 和 ZF |
| JB L2 | 小于,则转到 L2 处执行 |
| ADD R1,R2 | 否则,累加求和;并将 R1 的内容加 2,形成下一个奇数 |
| INC R1 | |
| INC R1 | |
| JMP L1 | 跳转到 L1 处继续执行 |
| L2: OUT1 R2 | 输出累加和 |

JMP L2　　　　　　　　　　循环显示

### 2.3.9　将汇编语言源程序转换成机器语言源程序

根据设计的指令格式,将汇编语言源程序手工转换成机器语言源程序,并将其设计到模型机中的 ROM 中。与 2.3.8 中汇编语言源程序对应的机器语言源程序如下:

| 助记符 | 地址(十六进制) | 机器代码 | 功能 |
|---|---|---|---|
| IN1 R0 | 00 | 00000000 | (SW) →R0 |
| MOV R1,1 | 01 | 00010001 | 1→R1 |
|  | 02 | 00000001 |  |
| MOV R2,0 | 03 | 00010010 | 0→R2 |
|  | 04 | 00000000 |  |
| L1:　CMP R0,R1 | 05 | 00100001 | (R0)-(R1),锁存 CF 和 ZF |
| JB L2 | 06 | 00110000 | 若小于,则 L2→PC |
|  | 07 | 00001101 |  |
| ADD R1,R2 | 08 | 01000110 | (R1)+(R2)→R2 |
| INC R1 | 09 | 01010001 | (R1)+1→R1 |
| INC R1 | 0A | 01010001 | (R1)+1→R1 |
| JMP　L1 | 0B | 01100000 | L1→PC |
|  | 0C | 00000101 |  |
| L2:　OUT1 R2 | 0D | 01111000 | (R2)→LED |
| JMP L2 | 0E | 01100000 | L2→PC |
|  | 0F | 00001101 |  |

参照 3.8 节设计的主存储器单元,其地址及对应的内容便是上面给出的机器语言源程序。

### 2.3.10　其它操作

在完成 2.3.1 至 2.3.9 的所有设计后,使用 EDA 软件对模型计算机(顶层电路)进行编译,编译通过后再进行功能仿真,其中要利用 EDA 软件提供的波形编辑器,选择合适的输入/输出信号及中间信号进行调试,要保证仿真的结果满足题目的要求。若编译的过程中出现错误或仿真的结果不正确,要分析错误的原因,找出问题所在,这可能需要修改 2.3.1~2.3.9 中的任何一个或多个设计步骤。

功能仿真通过后,根据提供的 EDA 实验设备选用给定的 FPGA 芯片,进行器件编程和时序仿真,并将顶层电路下载到专用的 EDA 实验台后进行操作演示。有关 MAX+plus Ⅱ软件的使用可查阅第 6 章介绍的相关内容,有关 Quartus Ⅱ软件的使用可查阅其它相关书籍。

## 2.4　考 核 方 式

为考核学生的实际动手能力,避免出现高分低能现象,同时也为了避免出现课程设计报告的抄袭现象，拟采用如下考核方式：

(1) 动手能力占 60%。动手能力的考核主要包括：设计题目的难易程度、设计进度的快慢、实验设备的完好率、设计的最后结果(在实验台上能正确运行机器语言源程序)，以及回答问题(或答辩)的正确性等。

(2) 课程设计报告占 30%。课程设计报告的考核主要包括：设计题目的难易程度、设计原理的正确性、报告书写是否认真、是否有抄袭现象等。

课程设计报告的内容包括：

① 课程设计的题目；

② 嵌入式 CISC/RISC 模型机数据通路框图；

③ 操作控制器的逻辑框图；

④ 模型机的指令系统和所有指令的指令格式；

⑤ 所有机器指令的微程序流程图或 CPU 操作流程图；

⑥ 嵌入式 CISC/RISC 模型计算机的顶层电路图；

⑦ 汇编语言源程序；

⑧ 机器语言源程序；

⑨ 机器语言源程序的功能仿真波形图及结果分析；

⑩ 故障现象和故障分析；

⑪ 学习体会；

⑫ 软件清单，含各个部件的 VHDL 源程序(.vhd)或图形描述文件(.gdf)。

(3) 平时表现占 10%。平时表现的考核主要包括：考勤、学习态度等。

# 第3章　CISC/RISC 模型机系统的单元电路

## 3.1　运算器和程序状态字单元

### 3.1.1　ALU 单元

　　运算器由算术逻辑运算单元 ALU、两个暂存寄存器和程序状态字 PSW 组成。算术逻辑运算单元可执行满足题目要求的三种运算，即加、比较和加 1 运算，同时修改借位标志 CF 和零标志 ZF，锁存标志位的状态依赖于程序状态字 PSW 的时钟控制信号 LDPSW。ALU 的三种运算受 S1、S0 控制，具体见表 3-1；暂存寄存器由累加器 AC 和数据寄存器 DR 组成，在进行加和比较运算时，AC 分别用作存放被加数和被减数，在进行加 1 运算时，只使用 AC；程序状态字用来在进行比较运算时锁存借位标志 CF 和零标志 ZF，在进行条件转移时其内容作为判断的依据；与 5 选 1 多路选择器 MUX5 连接的控制信号 ALU_B 低电平有效，用来控制 ALU 运算的结果进入数据总线；暂存寄存器和程序状态字的时钟控制端上升沿有效。ALU 单元如图 3-1 所示，ALU 单元对应的 VHDL 源程序如程序 3-1 所示。

表 3-1　算术逻辑运算单元 ALU 的功能表

| S1 | S0 | 功　能 |
|----|----|--------|
| 0 | 0 | (AC)+(DR)，修改 CF 和 ZF |
| 0 | 1 | (AC)−(DR)，修改 CF 和 ZF |
| 1 | 0 | (AC) + 1，修改 CF 和 ZF |
| 1 | 1 | 未使用 |

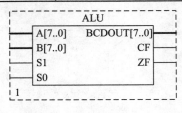

图 3-1　ALU 单元

【程序 3-1】

```
LIBRARY IEEE;
USE IEEE.STD_LOGIC_1164.ALL;
USE IEEE.STD_LOGIC_ARITH.ALL;
USE IEEE.STD_LOGIC_UNSIGNED.ALL;
```

```
ENTITY ALU IS
PORT(
    A: IN STD_LOGIC_VECTOR(7 DOWNTO 0);
    B: IN STD_LOGIC_VECTOR(7 DOWNTO 0);
    S1,S0: IN STD_LOGIC;
    BCDOUT: OUT STD_LOGIC_VECTOR(7 DOWNTO 0);
    CF,ZF: OUT STD_LOGIC
    );
END ALU;
ARCHITECTURE A OF ALU IS
SIGNAL AA,BB,TEMP:STD_LOGIC_VECTOR(8 DOWNTO 0);
BEGIN
    PROCESS
    BEGIN
        IF(S1='0' AND S0='0') THEN              --执行加法运算
            AA<='0'&A;
            BB<='0'&B;
            TEMP<=AA+BB;
            BCDOUT<=TEMP(7 DOWNTO 0);
            CF<=TEMP(8);
            IF (TEMP="100000000" OR TEMP="000000000") THEN
                ZF<='1';
            ELSE
                ZF<='0';
            END IF;
        ELSIF(S1='0' AND S0='1') THEN          --执行比较或减法运算
            BCDOUT<=A-B;
            IF(A<B) THEN
                CF<='1';
                ZF<='0';
            ELSIF(A=B) THEN
                CF<='0';
                ZF<='1';
            ELSE
                CF<='0';
                ZF<='0';
            END IF;
        ELSIF(S1='1' AND S0='0') THEN          --执行加 1 运算
            AA<='0'&A;
```

```
        TEMP<=A+1;
         BCDOUT<=TEMP(7 DOWNTO 0);
        CF<=TEMP(8);
        IF (TEMP="100000000") THEN
            ZF<='1';
        ELSE
            ZF<='0';
        END IF;
      ELSE
        BCDOUT<="00000000" ;
        CF<='0';
        ZF<='0';
      END IF;
    END PROCESS;
  END A;
```

### 3.1.2　程序状态字单元

　　程序状态字单元如图3-2所示，图中LDPSW上升沿有效。程序状态字单元对应的VHDL源程序如程序3-2所示。

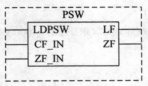

图 3-2　程序状态字单元

【程序 3-2】

```
    LIBRARY IEEE;
    USE IEEE.STD_LOGIC_1164.ALL;
    ENTITY PSW IS
    PORT(
        LDPSW: IN STD_LOGIC;
        CF_IN,ZF_IN: IN STD_LOGIC;
        CF,ZF: OUT STD_LOGIC
        );
    END PSW;
    ARCHITECTURE A OF PSW IS
    BEGIN
        PROCESS(LDPSW)
        BEGIN
```

```
    IF(LDPSW'EVENT AND LDPSW='1') THEN      --时钟信号 LDPSW 上升沿有效
        CF<=CF_IN;               --锁存借位标志位
        ZF<=ZF_IN;               --锁存零标志位
    END IF;
  END PROCESS;
END A;
```

### 3.1.3　暂存寄存器单元

暂存寄存器单元如图 3-3 所示，暂存寄存器单元对应的 VHDL 源程序如程序 3-3 所示。

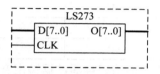

图 3-3　暂存寄存器单元

【程序 3-3】

```
    LIBRARY IEEE;
    USE IEEE.STD_LOGIC_1164.ALL;
    ENTITY LS273 IS
    PORT(
        D: IN STD_LOGIC_VECTOR(7 DOWNTO 0);
        CLK: IN STD_LOGIC;
        O: OUT STD_LOGIC_VECTOR(7 DOWNTO 0)
        );
    END LS273;
    ARCHITECTURE A OF LS273 IS
    BEGIN
        PROCESS(CLK)
        BEGIN
            IF(CLK'EVENT AND CLK='1') THEN
                    O<=D;
            END IF;
        END PROCESS;
    END A;
```

# 3.2　通用寄存器单元

通用寄存器单元如图 3-4 所示。4 个通用寄存器(R0、R1、R2、R3)的外部时钟控制信号 CLK 是由目的寄存器 Rd 的编码 I1、I0 经 2:4 译码器译码后分别和 LDRI 相与后得到的，上升沿有效，功能描述如表 3-2 所示。4 个通用寄存器的数据输入端相同，通用寄存器数据的输出受 RS_B 和源寄存器的编码 I3、I2，以及 RD_B 和目的寄存器的编码 I1、I0 控制，功能描述如表 3-3 所示。外部输入、ALU 的输出、源寄存器的输出、目的寄存器的输出与 ROM 的输出一起经 5 选 1 多路选择器 MUX5 进入内部数据总线，MUX5 中的 5 个控制信号 SW_B、ALU_B、RS_B、RD_B、CS_I 均为低电平有效。5 个控制信号所完成的功能如表 3-4 所示。通用寄存器单元对应的 VHDL 源程序如程序 3-4 所示。

表 3-2　4 个通用寄存器的外部时钟控制信号

| LDRI | I1 | I0 | 功　　能 |
|---|---|---|---|
| ↑ | 0 | 0 | R0 的时钟控制信号有效 |
| ↑ | 0 | 1 | R1 的时钟控制信号有效 |
| ↑ | 1 | 0 | R2 的时钟控制信号有效 |
| ↑ | 1 | 1 | R3 的时钟控制信号有效 |

表 3-3　4 个通用寄存器数据输出及控制功能

| RS_B | I3 | I2 | 功能 | RD_B | I1 | I0 | 功　　能 |
|---|---|---|---|---|---|---|---|
| 0 | 0 | 0 | 输出(R0) | 0 | 0 | 0 | 输出(R0) |
| 0 | 0 | 1 | 输出(R1) | 0 | 0 | 1 | 输出(R1) |
| 0 | 1 | 0 | 输出(R2) | 0 | 1 | 0 | 输出(R2) |
| 0 | 1 | 1 | 输出(R3) | 0 | 1 | 1 | 输出(R3) |

表 3-4　5 选 1 多路选择器 MUX5 的功能表

| SW_B | ALU_B | RS_B | RD_B | CS_I | 功　　能 |
|---|---|---|---|---|---|
| 0 | 1 | 1 | 1 | 1 | 输出外部输入数据 |
| 1 | 0 | 1 | 1 | 1 | 输出 ALU 的运算结果 |
| 1 | 1 | 0 | 1 | 1 | 输出源寄存器的内容 |
| 1 | 1 | 1 | 0 | 1 | 输出目的寄存器的内容 |
| 1 | 1 | 1 | 1 | 0 | 输出 ROM 的内容 |

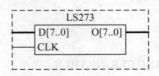

图 3-4　通用寄存器单元

【程序 3-4】
```
LIBRARY IEEE;
USE IEEE.STD_LOGIC_1164.ALL;
ENTITY LS273 IS
PORT(
    D: IN STD_LOGIC_VECTOR(7 DOWNTO 0);
    CLK: IN STD_LOGIC;
    O: OUT STD_LOGIC_VECTOR(7 DOWNTO 0)
```

```
        );
    END LS273;
    ARCHITECTURE A OF LS273 IS
    BEGIN
        PROCESS(CLK)
        BEGIN
            IF(CLK'EVENT AND CLK='1') THEN
                O<=D;
            END IF;
        END PROCESS;
    END A;
```

# 3.3　1:2 分配器单元

1:2 分配器单元用来将 5 选 1 多路选择器 MUX5 的输出回送到内部数据总线，或者送往输出设备显示。1:2 分配器单元的功能描述如表 3-5 所示。1:2 分配器单元如图 3-5 所示，对应的 VHDL 源程序如程序 3-5 所示。

表 3-5　1:2 分配器单元 FEN2 的功能表

| 输　　　入 | | 输　　　出 | |
| --- | --- | --- | --- |
| LED_B | X[7..0] | W1[7..0] | W2[7..0] |
| 0 | × | | X[7..0] |
| 1 | × | X[7..0] | |

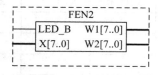

图 3-5　1:2 分配器单元

【程序 3-5】

```
    LIBRARY IEEE;
    USE IEEE.STD_LOGIC_1164.ALL;
    ENTITY FEN2 IS
    PORT(
        LED_B:IN STD_LOGIC;
        X:IN STD_LOGIC_VECTOR(7 DOWNTO 0);
        W1,W2:OUT STD_LOGIC_VECTOR(7 DOWNTO 0)
    );
    END FEN2;
    ARCHITECTURE A OF FEN2 IS
```

```
BEGIN
    PROCESS
    BEGIN
        IF(LED_B='0') THEN
            W2<=X;                    --将数据送往输出设备
        ELSE
            W1<=X;                    --将数据回送到内部数据总线
        END IF;
    END PROCESS;
END A;
```

# 3.4　5选1数据选择器单元

5 选 1 数据选择器单元 MUX5 在数据输入控制信号 SW_B、ALU 数据输出控制信号 ALU_B、源寄存器数据输出控制信号 RS_B、目的寄存器数据输出控制信号 RD_B、只读存储器片选控制信号 CS_I 的控制下，用来从外部输入数据端、ALU 数据输出端、源寄存器数据输出端、目的寄存器数据端和只读存储器 ROM 的输出端中选择一个 8 位的数据进入内部数据总线。5 选 1 数据选择器单元的功能表如表 3-6 所示，表中 A、B、C、D、E 分别对应控制信号 SW_B、ALU_B、RS_B、RD_B、CS_I。5 选 1 数据选择器单元如图 3-6 所示，对应的 VHDL 源程序如程序 3-6 所示。

表 3-6　5选1多路选择器 MUX5 的功能表

| 输　入 | | | | | | | | | | 输　出 |
|---|---|---|---|---|---|---|---|---|---|---|
| A | B | C | D | E | X0[7..0] | X1[7..0] | X2 [7..0] | X3[7..0] | X4[7..0] | W[7..0] |
| 0 | 1 | 1 | 1 | 1 | × | × | × | × | × | X0[7..0] |
| 1 | 0 | 1 | 1 | 1 | × | × | × | × | × | X1[7..0] |
| 1 | 1 | 0 | 1 | 1 | × | × | × | × | × | X2[7..0] |
| 1 | 1 | 1 | 0 | 1 | × | × | × | × | × | X3[7..0] |
| 1 | 1 | 1 | 1 | 0 | × | × | × | × | × | X4[7..0] |

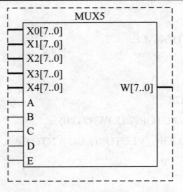

图 3-6　5选1数据选择器单元

【程序 3-6】

```
    LIBRARY IEEE;
    USE IEEE.STD_LOGIC_1164.ALL;
    ENTITY MUX5 IS
    PORT(
        X0,X1,X2,X3,X4: IN STD_LOGIC_VECTOR(7 DOWNTO 0);
        A,B,C,D,E: IN STD_LOGIC;
        W: OUT STD_LOGIC_VECTOR(7 DOWNTO 0)
    );
    END MUX5;
    ARCHITECTURE A OF MUX5 IS
    SIGNAL SEL:STD_LOGIC_VECTOR(4 DOWNTO 0);
    BEGIN
        SEL<=A&B&C&D&E;
        PROCESS
        BEGIN
            IF(SEL="01111") THEN
                    W<=X0;          --从输入设备输入数据
            ELSIF(SEL="10111") THEN
                    W<=X1;          --将 ALU 的运算结果送入内部数据总线
            ELSIF(SEL="11011") THEN
                    W<=X2;          --将源寄存器的内容送入内部数据总线
            ELSIF(SEL="11101") THEN
                    W<=X3;          --将目的寄存器的内容送入内部数据总线
            ELSIF(SEL="11110") THEN
                    W<=X4;          --将 ROM 中读出的指令代码送入内部数据总线
            ELSE
                    NULL;
            END IF;
        END PROCESS;
    END A;
```

# 3.5　4 选 1 数据选择器单元

　　4 选 1 数据选择器单元 MUX4 在数据输入控制信号 A、B(源寄存器编码 I3、I2 或目的寄存器编码 I1、I0)的控制下，用来从 4 个通用寄存器的数据输出端选择一个 8 位的数据进入 5 选 1 多路选择器的数据输入端。4 选 1 数据选择器单元的功能表详见表 3-7，4 选 1 数据选择器单元如图 3-7 所示，对应的 VHDL 源程序如程序 3-7 所示。

表 3-7　　4 选 1 数据选择器 MUX4 的功能表

| 输　入 | | | | | | 输　出 |
|---|---|---|---|---|---|---|
| A | B | X0[7..0] | X1[7..0] | X2[7..0] | X3[7..0] | W[7..0] |
| 0 | 0 | × | × | × | × | X0[7..0] |
| 0 | 1 | × | × | × | × | X1[7..0] |
| 1 | 0 | × | × | × | × | X2[7..0] |
| 1 | 1 | × | × | × | × | X3[7..0] |

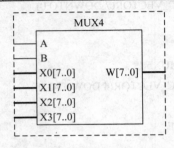

图 3-7　　4 选 1 数据选择器单元

【程序 3-7】

```
LIBRARY IEEE;
USE IEEE.STD_LOGIC_1164.ALL;
ENTITY MUX4 IS
PORT(
    A,B: IN STD_LOGIC;
    X0,X1,X2,X3: IN STD_LOGIC_VECTOR(7 DOWNTO 0);
    W: OUT STD_LOGIC_VECTOR(7 DOWNTO 0)
);
END MUX4;
ARCHITECTURE A OF MUX4 IS
BEGIN
    PROCESS
    BEGIN
        IF(A='0' AND B='0') THEN
            W<=X0;          --输出 R0 的内容
        ELSIF(A='0' AND B='1') THEN
            W<=X1;          --输出 R1 的内容
        ELSIF(A='1' AND B='0') THEN
            W<=X2;          --输出 R2 的内容
        ELSE
            W<=X3;          --输出 R3 的内容
        END IF;
```

```
END PROCESS;
END A;
```

# 3.6　程序计数器单元

程序计数器单元如图 3-8 所示，它在控制信号的控制下具有清 "0"、置计数初值和加 1 的功能，其作用是保证程序的顺序执行，在执行跳转指令时，通过修改 PC 的值以达到程序转移分支的目的。程序计数器 PC 的输出直接送往地址寄存器(LS273 芯片)，程序计数器 PC 的功能表如表 3-8 所示，PC 对应的 VHDL 源程序如程序 3-8 所示。

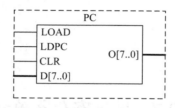

图 3-8　程序计数器单元

表 3-8　程序计数器 PC 的功能表

| CLR | LOAD | LDPC | 功　　能 |
| --- | --- | --- | --- |
| 0 | × | × | 将 PC 清 0 |
| 1 | 0 | ↑ | BUS→PC |
| 1 | 1 | 0 | 不装入，也不计数 |
| 1 | 1 | ↑ | PC+1 |

【程序 3-8】

```
LIBRARY IEEE;
USE IEEE.STD_LOGIC_1164.ALL;
USE IEEE.STD_LOGIC_ARITH.ALL;
USE IEEE.STD_LOGIC_UNSIGNED.ALL;
ENTITY PC IS
PORT(
    LOAD,LDPC,CLR: IN STD_LOGIC;
    D: IN STD_LOGIC_VECTOR(7 DOWNTO 0);
    O: OUT STD_LOGIC_VECTOR(7 DOWNTO 0)
    );
END PC;
ARCHITECTURE A OF PC IS
SIGNAL QOUT: STD_LOGIC_VECTOR(7 DOWNTO 0);
BEGIN
    PROCESS(LDPC,CLR,LOAD)
```

```
    BEGIN
        IF(CLR='0') THEN
            QOUT<="00000000";          --将 PC 清 0
        ELSIF(LDPC'EVENT AND LDPC='1') THEN
            IF(LOAD='0') THEN
                QOUT<=D;               --将数据总线的内容送入 PC
            ELSE
                QOUT<=QOUT+1;     --PC+1
            END IF;
        END IF;
    END PROCESS;
    O<=QOUT;
END A;
```

## 3.7　地址寄存器单元

地址寄存器单元由 1 片 8 位的 LS273 组成，如图 3-9 所示，它用来存放访问主存储器单元的地址。由于输入/输出设备非常简单，不需要进行编址，因此地址寄存器不存放外围设备的地址，只存放访问主存储器的地址。当时钟控制端 CLK 出现上升沿时，将程序计数器的值送入地址寄存器，地址寄存器的输出直接送往主存储器的地址输入端。地址寄存器单元由于采用通用的 8 位寄存器，因此，它与运算器单元中的暂存器是相同的，其对应的VHDL 源程序如程序 3-3 所示。

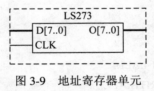

图 3-9　地址寄存器单元

## 3.8　主存储器单元

主存储器单元用来存放 CPU 要运行的程序和数据，是计算机系统中必不可少的重要组成部分。若设计的计算机系统只运行完成一定功能的程序而无需进行数据处理，则只需配置只读存储器(ROM)芯片；若需使用存储器单元进行大量的数据处理，则除配置只读存储器(ROM)芯片外还需配置读/写存储器(RAM)芯片。一个计算机系统中的 ROM 芯片和 RAM芯片一般分开设计。下面将详细介绍两类存储器芯片的设计方法。

### 3.8.1　ROM 芯片的设计

在范例(CISC 和 RISC)中设计的模型机系统仅采用了 ROM 芯片作为主存储器单元，它由一片 256×8 位的 ROM 芯片组成，如图 3-10 所示。ADDR[7..0]为 8 位的地址输入端，CS_I

为片选信号，DOUT[7..0]为 8 位的数据输出端，具体功能见表 3-9。

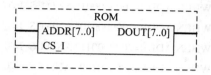

图 3-10　ROM 芯片

表 3-9　ROM 的功能表

| CS_I | 功能 |
| --- | --- |
| 1 | 不选择 |
| 0 | 读 |

在 CISC 模型机中 ROM 芯片的读操作时序如图 3-11 所示，ROM 的读操作仅与片选信号 CS_I 有关，CS_I 为低电平有效，有效电平的范围为一个 CPU 周期。在 RISC 模型机中 ROM 芯片的读操作时序与图 3-11 相似，不同之处仅在于 CS_I 有效时占用的时间仅为一个 T 周期。所有控制信号的时序设计均在操作控制器中考虑并实现。

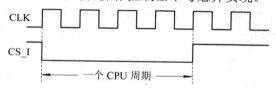

图 3-11　CISC 模型机中 ROM 芯片的读操作时序图

在图 3-10 中，主存储器单元的地址输入端直接与地址寄存器的输出端相连，数据输出端经 5 选 1 数据选择器送往内部数据总线。主存储器单元对应的 VHDL 源程序如程序 3-9 所示，也可以采用如程序 3-10 所示的方法。若用程序 3-10，则操作控制器输出的 CS_I 必须带上时序，比如在 T2 的下降沿有效。

【程序 3-9】

```
LIBRARY IEEE;
USE IEEE.STD_LOGIC_1164.ALL;
USE IEEE.STD_LOGIC_ARITH.ALL;
USE IEEE.STD_LOGIC_UNSIGNED.ALL;
ENTITY ROM IS
PORT(
    DOUT:OUT STD_LOGIC_VECTOR(7 DOWNTO 0);
    ADDR:IN STD_LOGIC_VECTOR(7 DOWNTO 0);
    CS_I:IN STD_LOGIC
);
END ROM;
ARCHITECTURE A OF ROM IS
BEGIN
```

```
        DOUT<="00000000" WHEN ADDR="00000000" AND CS_I='0' ELSE --   IN1 R0
               "00010001" WHEN ADDR="00000001" AND CS_I='0' ELSE --   MOV R1,1
               "00000001" WHEN ADDR="00000010" AND CS_I='0' ELSE
               "00010010" WHEN ADDR="00000011" AND CS_I='0' ELSE --   MOV R2,0
               "00000000" WHEN ADDR="00000100" AND CS_I='0' ELSE
               "00100001" WHEN ADDR="00000101" AND CS_I='0' ELSE --L1:CMP R0,R1
               "00110000" WHEN ADDR="00000110" AND CS_I='0' ELSE --   JB L2
               "00001101" WHEN ADDR="00000111" AND CS_I='0' ELSE
               "01000110" WHEN ADDR="00001000" AND CS_I='0' ELSE --   ADD R1,R2
               "01010001" WHEN ADDR="00001001" AND CS_I='0' ELSE --   INC R1
               "01010001" WHEN ADDR="00001010" AND CS_I='0' ELSE --   INC R1
               "01100000" WHEN ADDR="00001011" AND CS_I='0' ELSE --   JMP L1
               "00000101" WHEN ADDR="00001100" AND CS_I='0' ELSE
               "01111000" WHEN ADDR="00001101" AND CS_I='0' ELSE --L2:OUT1 R2
               "01100000" WHEN ADDR="00001110" AND CS_I='0' ELSE --   JMP L2
               "00001101" WHEN ADDR="00001111" AND CS_I='0' ELSE
               "00000000";

    END A;
【程序 3-10】
    LIBRARY IEEE;
    USE IEEE.STD_LOGIC_1164.ALL;
    USE IEEE.STD_LOGIC_ARITH.ALL;
    USE IEEE.STD_LOGIC_UNSIGNED.ALL;
    ENTITY ROM IS
    PORT(
        DOUT:OUT STD_LOGIC_VECTOR(7 DOWNTO 0);
        ADDR:IN STD_LOGIC_VECTOR(7 DOWNTO 0);
        CS_I:IN STD_LOGIC
    );
    END ROM;
    ARCHITECTURE A OF ROM IS
    BEGIN
        PROCESS(CS_I)
        BEGIN
            IF(CS_I'EVENT AND CS_I='0') THEN     --当片选信号 CS_I 有效时读 ROM
            --ROM 中从 0 地址开始依次存放机器语言源程序
                CASE ADDR IS
                    WHEN "00000000"=>DOUT<="00000000";
                    WHEN "00000001"=>DOUT<="00010001";
```

```
                    WHEN "00000010"=>DOUT<="00000001";
                    WHEN "00000011"=>DOUT<="00010010";
                    WHEN "00000100"=>DOUT<="00000000";
                    WHEN "00000101"=>DOUT<="00100001";
                    WHEN "00000110"=>DOUT<="00110000";
                    WHEN "00000111"=>DOUT<="00001101";
                    WHEN "00001000"=>DOUT<="01000110";
                    WHEN "00001001"=>DOUT<="01010001";
                    WHEN "00001010"=>DOUT<="01010001";
                    WHEN "00001011"=>DOUT<="01100000";
                    WHEN "00001100"=>DOUT<="00000101";
                    WHEN "00001101"=>DOUT<="01111000";
                    WHEN "00001110"=>DOUT<="01100000";
                    WHEN "00001111"=>DOUT<="00001101";
                    WHEN OTHERS =>NULL;
                END CASE;
            END IF;
        END PROCESS;
    END A;
```

## 3.8.2　RAM 芯片的设计

在课程设计的 A 类和 B 类部分题目中由于要进行大量的数据处理，因此，除设计 ROM 芯片外，还需设计 RAM 芯片以保存数据。这里只针对 RAM 芯片本身介绍其设计方法。如图 3-12 所示的是一片 256×8 位的 RAM 芯片，RD_D 为读/写信号，CS_D 为片选信号，DIN[7..0] 为 8 位的数据输入端，ADDR[7..0] 为 8 位的地址输入端，DOUT[7..0] 为 8 位的数据输出端，具体功能如表 3-10 所示。

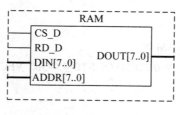

图 3-12　RAM 芯片

在 CISC 模型机中由于一条微指令对应一个 CPU 周期，一个 CPU 周期包含 4 个 T 周期，因此读/写信号 RD_D 的有效电平范围设计在 T2 和 T3 时钟周期。为了便于实现，RAM 芯片的写操作时序可采用如图 3-13 所示的时序，当 CS_D 出现有效电平低电平时，RD_D 为高电平，则完成读 RAM 功能；RD_D 为低电平，则完成写 RAM 功能。由于当存储器单元个数较多时需要很长的编译时间，因此这里的设计只使用了 32 个存储器单元。主存储器单元对应的 VHDL 源程序如程序 3-11 所示。

### 表 3-10　RAM 的功能表

| CS_D | RD_D | 功　　能 |
|------|------|---------|
| 1 | × | 不选择 |
| 0 | 0 | 写 |
| 0 | 1 | 读 |

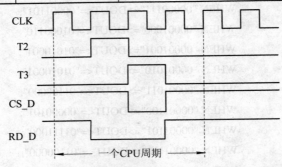

图 3-13　CISC 模型机中 RAM 芯片的写操作时序图

【程序 3-11】

```
LIBRARY IEEE;
USE IEEE.STD_LOGIC_1164.ALL;
USE IEEE.STD_LOGIC_ARITH.ALL;
USE IEEE.STD_LOGIC_UNSIGNED.ALL;
ENTITY RAM IS
PORT(
    CS_D,RD_D:IN STD_LOGIC;
    DIN:IN STD_LOGIC_VECTOR(7 DOWNTO 0);
    ADDR:IN STD_LOGIC_VECTOR(7 DOWNTO 0);
    DOUT:OUT STD_LOGIC_VECTOR(7 DOWNTO 0)
    );
END RAM;
ARCHITECTURE A OF RAM IS
TYPE MEMORY IS ARRAY(0 TO 31) OF STD_LOGIC_VECTOR(7 DOWNTO 0);
BEGIN
    PROCESS(CS_D)
    VARIABLE MEM:MEMORY;
    BEGIN
        IF(CS_D'EVENT AND CS_D='0') THEN
            IF(RD_D='0') THEN          --写 RAM
                MEM(CONV_INTEGER(ADDR(4 DOWNTO 0))):=DIN;
            ELSE                       --读 RAM
                DOUT<=MEM(CONV_INTEGER(ADDR(4 DOWNTO 0)));
```

```
                    END IF;
                END IF;
            END PROCESS;
        END A;
```

在 RISC 模型机中所有控制信号有效电平维持的时间为一个 T 周期或半个 T 周期。为了便于实现，RAM 芯片采用了如图 3-14 所示的写操作时序，当 CS_D 出现有效电平低电平时，RD_D 为高电平，则完成读 RAM 功能；RD_D 为低电平，则完成写 RAM 功能。由于当存储器单元个数较多时需要很长的编译时间，因此这里的设计只使用了 32 个存储器单元。主存储器单元对应的 VHDL 源程序与程序 3-11 相同，只是操作控制器中 CS_D 与 RD_D 的设计方法不同而已。

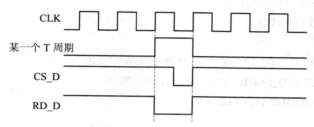

图 3-14　RISC 模型机中 RAM 芯片的写操作时序图

## 3.9　指令寄存器单元

指令寄存器单元由 1 片 8 位的 LS273 组成，如图 3-15 所示，它用来存放正在执行指令的指令代码(在多字长指令中只存放含有操作码的第一个字)，在当前指令的执行过程中，其内容保持不变，直到下一条指令取指并存放到指令寄存器时，其内容才会被修改。当时钟控制端 CLK 出现上升沿时，将访存得到的指令代码(在多字长指令中只有包含操作码的第一个字)经 5 选 1 数据选择器和 1：2 分配器后，由内部数据总线送入指令寄存器。指令寄存器单元由于采用通用的 8 位寄存器，因此它与运算器单元中的暂存器是相同的，其对应的 VHDL 源程序如程序 3-3 所示。

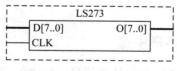

图 3-15　指令寄存器单元

指令寄存器中的内容经过一个转换电路(CONVERT)后分为 4 位的操作码(指令寄存器中的 I7～I4)、源寄存器的编码(指令寄存器中的 I3、I2)和目的寄存器的编码(指令寄存器中的 I1、I0)。4 位的操作码直接送往操作控制器(微程序控制器或硬连线控制器)，源寄存器的编码和目的寄存器的编码分别用来控制两个 4 选 1 多路选择器，实现源寄存器或目的寄存器的数据选择。目的寄存器的编码同时送往 2：4 译码器(DELODER)的输入端，其输出用于目的寄存器的选择。转换电路(CONVERT)如图 3-16 所示，对应的 VHDL 源程序如程序 3-12 所示。

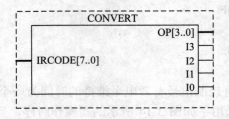

图 3-16　转换电路(CONVERT)

【程序 3-12】

```
LIBRARY IEEE;
USE IEEE.STD_LOGIC_1164.ALL;
ENTITY CONVERT IS
PORT(
    IRCODE:IN STD_LOGIC_VECTOR(7 DOWNTO 0);
    OP:OUT STD_LOGIC_VECTOR(3 DOWNTO 0);
    I3,I2,I1,I0:OUT STD_LOGIC
    );
END CONVERT;
ARCHITECTURE A OF CONVERT IS
BEGIN
    OP<=IRCODE(7 DOWNTO 4);          --4 位操作码
    I3<=IRCODE(3);                   --两位源寄存器编码
    I2<=IRCODE(2);
    I1<=IRCODE(1);                   --两位目的寄存器编码
    I0<=IRCODE(0);
END A;
```

# 3.10　时序产生器单元

## 3.10.1　CISC 模型机的时序产生器

时序产生器单元主要用来产生节拍脉冲信号(T1、T2、T3、T4)，从而对各种控制信号实施时间上的控制。时序产生器单元如图 3-17(a)所示，其内部采用一个两位的普通计数器，计数值译码后产生节拍脉冲信号(T1、T2、T3、T4)，CLK 为外部时钟输入信号。时序产生器单元的功能如表 3-11 所示。初始启动时，计数器的初值为"00"，此时 T1 为"1"，T2～T4 为"0"，当遇到下一个 CLK 的上升沿时(即下一个时钟周期)，T2 为"1"，T1、T3、T4 为"0"，周而复始，轮流变化。当 CLR=0 时(即外部清零控制信号 CLR=0 时)，计数器复位为"00"；当 CLR=1 时(即外部清零控制信号 CLR=1 时)，计数器的输出经过直接译码产生节拍脉冲信号。时序产生器单元对应的 VHDL 源程序如程序 3-13 所示。值得说明的是，在模型机设计时,所有的时序部件和组合逻辑部件均未使用节拍脉冲信号 T1,故在图 3-17(a) 中没有输出信号 T1,在程序 3-13 中也未使用节拍脉冲信号 T1。

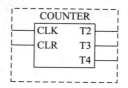

图 3-17(a) 时序产生器单元

**表 3-11 时序产生器单元 COUNTER 的功能表**

| 输　入 | | 输　出 | | | | 备　注 |
|---|---|---|---|---|---|---|
| CLR | CLK | T1 | T2 | T3 | T4 | 当 CLK 的上升沿到来时,T1 |
| 0 | × | 0 | 0 | 0 | 0 | 为 "1",T2~T4 为 "0" |
| 1 | ↑ | 循环右移 1 次 | | | | 在当前值的基础上 |

【程序 3-13】

```
        LIBRARY IEEE;
        USE IEEE.STD_LOGIC_1164.ALL;
        USE IEEE.STD_LOGIC_ARITH.ALL;
        USE IEEE.STD_LOGIC_UNSIGNED.ALL;
        ENTITY COUNTER IS
        PORT(
             CLK,CLR: IN STD_LOGIC;
             T2,T3,T4: OUT STD_LOGIC
             );
        END COUNTER;
        ARCHITECTURE A OF COUNTER IS
        SIGNAL X: STD_LOGIC_VECTOR(1 DOWNTO 0);
        BEGIN
             PROCESS(CLK,CLR)
             BEGIN
--当外部清零信号 CLR 有效时,将所有的节拍脉冲信号均置为无效状态 "0"
                 IF(CLR='0') THEN
                     T2<='0';
                     T3<='0';
                     T4<='0';
                     X<="00";
                --否则,当出现时钟 CLK 的上升沿时
                 ELSIF(CLK'EVENT AND CLK='1') THEN
                     X<=X+1;          --计数器的值 X 加 1
--由计数器的当前值 X 译码后产生节拍脉冲信号 T2、T3、T4
```

```
                    T2<=(NOT X(1)) AND X(0);
                    T3<=X(1) AND (NOT X(0));
                    T4<=X(1) AND X(0);
            END IF;
        END PROCESS;
    END A;
```

## 3.10.2　采用定长 CPU 周期 RISC 模型机的时序产生器

　　时序产生器单元主要用来产生节拍脉冲信号(T1、T2、T3、T4)和节拍电位信号(M)，从而对各种控制信号实施时间上的控制。在这里设计时，将节拍电位信号(M)的产生电路放在操作控制器中设计。只产生节拍脉冲信号(T1、T2、T3、T4)的时序产生器单元与 CISC 模型机相似，如图 3-17(b)所示，其功能也与 CISC 模型机中的时序产生器相似，只是时序产生器的输出包括全部的节拍脉冲信号 T1、T2、T3 和 T4。时序产生器对应的 VHDL 源程序如程序 3-14 所示。

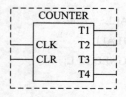

图 3-17(b)　时序产生器单元

【程序 3-14】

```
    LIBRARY IEEE;
    USE IEEE.STD_LOGIC_1164.ALL;
    USE IEEE.STD_LOGIC_ARITH.ALL;
    USE IEEE.STD_LOGIC_UNSIGNED.ALL;
    ENTITY COUNTER IS
    PORT(
        CLK,CLR: IN STD_LOGIC;
        T1,T2,T3,T4: OUT STD_LOGIC
        );
    END COUNTER;
    ARCHITECTURE A OF COUNTER IS
    SIGNAL X: STD_LOGIC_VECTOR(1 DOWNTO 0);
    BEGIN
        PROCESS(CLK,CLR)
        BEGIN
            IF(CLR='0') THEN
                T1<='0';
```

```
                    T2<='0';
                    T3<='0';
                    T4<='0';
                    X<="00";
                ELSIF(CLK'EVENT AND CLK='1') THEN
                    X<=X+1;
                    T1<=(NOT X(1)) AND (NOT X(0));
                    T2<=(NOT X(1)) AND X(0);
                    T3<=X(1) AND (NOT X(0));
                    T4<=X(1) AND X(0);
            END IF;
        END PROCESS;
    END A;
```

产生节拍电位信号的原理图如图 3-17(c)所示。由于采用定长的 CPU 周期，因此一个节拍电位(或称一个 CPU 周期)固定由 4 个 T 周期组成，为保证 CPU 周期的完整性，M 的值只在 T4 的下降沿发生变化。当 CLR=0 时(即外部清零控制信号 CLR=0 时)，将节拍电位信号 M 清 0；当 CLR=1 时，M 的值根据执行指令的不同而发生变化。根据模型机设计的所有指令的 CPU 操作流程图 2-6 可知，只有 CMP 和 ADD 指令需要两个节拍电位(M=0,M=1)，因此可用一个一位的计数器。一位计数器的时钟控制信号 CLK 只与 T4 有关，其功能描述如表 3-12 所示。在实现此功能时，直接用 VHDL 语言描述，无需设计图元。描述此功能的 VHDL 源程序如程序 3-15 所示，它属于操作控制器 VHDL 源程序的一部分。

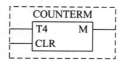

图 3-17(c)   产生节拍电位信号的原理图

**表 3-12   节拍电位信号产生电路的功能表**

| 输  入 | | 输  出 |
|---|---|---|
| CLR | T4 | M |
| 0 | × | 0 |
| 1 | ↓ | M 取反 |

【程序 3-15】

```
    P1:PROCESS(CLR,T4)
    BEGIN
        IF(CLR='0') THEN                        --当外部清零信号 CLR 有效时，将 M 清"0"
            M<='0';
        ELSIF(T4'EVENT AND T4='0') THEN          --否则当出现 T4 的下降沿时将 M 取反
            M<=NOT M;
        END IF;
```

END PROCESS P1;

### 3.10.3　采用变长 CPU 周期 RISC 模型机的时序产生器

时序产生器单元主要用来产生节拍脉冲信号(T1、T2、T3、T4)和节拍电位信号(M)，从而对各种控制信号实施时间上的控制。在这里设计时，将节拍电位信号(M)的产生电路放在操作控制器中设计，因此时序产生器单元只产生节拍脉冲信号(T1、T2、T3、T4)。所谓采用变长的 CPU 周期，是指在执行指令时根据指令复杂程度的不同，其执行周期中各 CPU 周期所包含的 T 周期个数可以不相同，即执行完一条指令后，不管当前 CPU 周期中的 T4 是否到来或结束，都必须返回下一次取指操作。为完成此项功能，在设计时，必须在时序产生器中加入一个复位控制端 RESET，如图 3-17(d)所示，对应的功能描述如表 3-13 所示。由于各条指令的取指周期完成的动作完全相同，因此取指周期均为一个定长的 CPU 周期(含4 个 T 周期，T1～T4)。时序产生器单元对应的 VHDL 源程序如程序 3-16 所示。

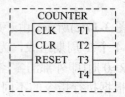

图 3-17(d)　时序产生器单元

表 3-13　时序产生器单元 COUNTER 的功能表

| 输　入 | | | 输　出 | | | | 备　注 |
|---|---|---|---|---|---|---|---|
| CLR | RESET | CLK | T1 | T2 | T3 | T4 | 当 CLK 的上升沿到来时，T1 为"1"，T2～T4 为"0" |
| 0 | × | × | 0 | 0 | 0 | 0 | |
| 1 | 1 | ↑ | 1 | 0 | 0 | 0 | 输出复位 |
| 1 | 0 | ↑ | 循环右移 1 次 | | | | 在当前值的基础上 |

【程序 3-16】

```
LIBRARY IEEE;
USE IEEE.STD_LOGIC_1164.ALL;
USE IEEE.STD_LOGIC_ARITH.ALL;
USE IEEE.STD_LOGIC_UNSIGNED.ALL;
ENTITY COUNTER IS
PORT( CLK,CLR,RESET: IN STD_LOGIC;
        T1,T2,T3,T4: OUT STD_LOGIC
    );
END COUNTER;
ARCHITECTURE A OF COUNTER IS
SIGNAL X: STD_LOGIC_VECTOR(1 DOWNTO 0);
BEGIN
```

```
PROCESS(CLK,CLR,RESET)
BEGIN
--当外部清零信号 CLR 有效时，将所有的节拍脉冲信号均置为无效状态 "0"
    IF(CLR='0') THEN
        X<="00";
        T1<='0';
        T2<='0';
        T3<='0';
        T4<='0';
--当操作控制器发出的复位信号 RESET 有效时，将计数器的值 X 和节拍脉冲
--信号复位为初始状态
    ELSIF(CLK'EVENT AND CLK='1') THEN
        IF(RESET='1') THEN
            X<="01";
            T1<='1';
            T2<='0';
            T3<='0';
            T4<='0';
        ELSE
            X<=X+1;         --计数器的值 X 加 1
--由计数器的当前值 X 译码后产生节拍脉冲信号 T1、T2、T3 和 T4
            T1<=(NOT X(1)) AND (NOT X(0));
            T2<=(NOT X(1)) AND X(0);
            T3<= X(1) AND (NOT X(0));
            T4<= X(1) AND X(0);
        END IF;
    END IF;
END PROCESS;
END A;
```

当采用变长的 CPU 周期时，产生节拍电位信号的原理与定长 CPU 周期设计的不同之处仅在于对于节拍电位计数器的控制多了一个 RESET 控制端，如图 3-17(e)所示，其功能描述如表 3-14 所示。在实现此功能时，直接用 VHDL 语言描述，无需设计图元。描述此功能的 VHDL 源程序如程序 3-17 所示，它属于操作控制器 VHDL 源程序的一部分。

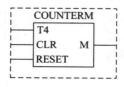

图 3-17(e)　产生节拍电位信号的原理图

表 3-14　节拍电位信号产生电路的功能表

| 输　入 | | | 输　出 |
|---|---|---|---|
| CLR | RESET | T4 | M |
| 0 | × | × | 0 |
| × | 1 | × | 0 |
| 1 | 0 | ↓ | M 取反 |

　　图 3-17(e)和表 3-14 中的控制信号 RESET 为操作控制器的输出信号，由于节拍电位信号产生器位于操作控制器内部，因此，在实际设计时，复位信号使用临时信号 RESET2，其表达式与 RESET 相同，如程序 3-17 所示。

【程序 3-17】

```
P1:PROCESS(CLR,RESET2,T4)
BEGIN
    IF(CLR='0' OR RESET2='1') THEN
        M<='0';
    ELSIF(T4'EVENT AND T4='0') THEN
        M<='1';
    END IF;
END PROCESS P1;
```

# 3.11　操作控制器单元

## 3.11.1　微程序控制器单元

　　微程序控制器的原理已在第 1 章作了详细的介绍，按第 2 章设计的指令系统和微指令格式所设计的微程序控制器单元如图 3-18 所示，其内部结构如图 3-19 所示。微程序控制器主要由地址转移逻辑电路 ADDR、微地址寄存器 aa、控制存储器 CONTROM 和微命令寄存器 MCOMMAND 等几部分组成。为了方便电路的设计与连线，在本例微程序控制器单元内部结构设计时，增加了 F1、F2 和 F3，它们主要用于多根单线与总线之间进行转换。

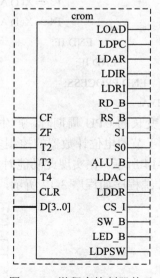

图 3-18　微程序控制器单元

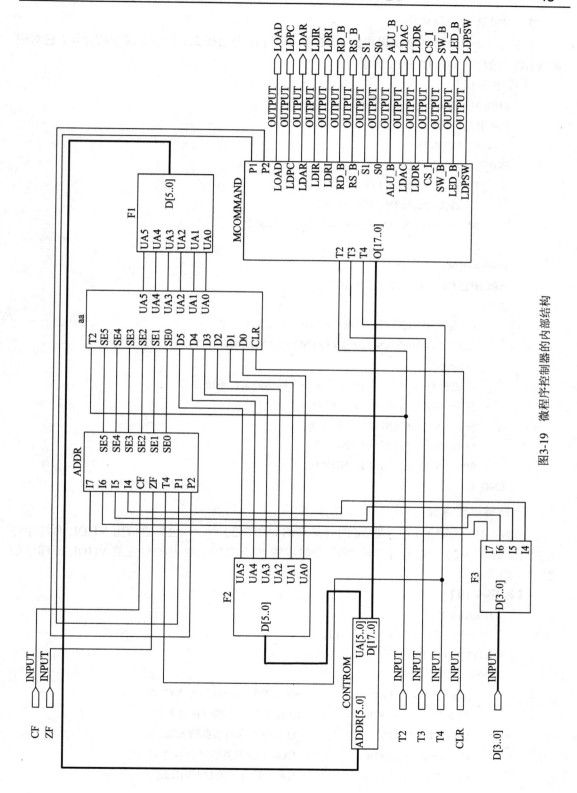

图3-19　微程序控制器的内部结构

## 1. 地址转移逻辑电路

在图 3-19 中地址转移逻辑电路 ADDR 的设计原理已在 2.3 节作了详细的介绍，它对应的 VHDL 源程序如程序 3-18 所示。

【程序 3-18】

```
LIBRARY IEEE;
USE IEEE.STD_LOGIC_1164.ALL;
ENTITY ADDR IS
PORT(
    I7,I6,I5,I4:IN STD_LOGIC;
    CF,ZF,T4,P1,P2:IN STD_LOGIC;
    SE5,SE4,SE3,SE2,SE1,SE0:OUT STD_LOGIC
    );
END ADDR;
ARCHITECTURE A OF ADDR IS
BEGIN
    --在进行 P2 测试时，根据 CF 和 ZF 进行 2 路分支
    SE5<=NOT((CF AND NOT ZF)AND P2 AND T4);
    SE4<='1';
    --在进行 P1 测试时，根据 4 位的指令操作码进行多路分支
    SE3<=NOT(I7 AND P1 AND T4);
    SE2<=NOT(I6 AND P1 AND T4);
    SE1<=NOT(I5 AND P1 AND T4);
    SE0<=NOT(I4 AND P1 AND T4);
END A;
```

## 2. 微地址寄存器

在图 3-19 中微地址寄存器 aa 的内部结构如图 3-20 所示，也可直接用 VHDL 源程序进行描述。在图 3-20 中带有异步清"0"和异步置"1"功能的触发器对应的 VHDL 源程序如程序 3-19 所示。

【程序 3-19】

```
LIBRARY IEEE;
USE IEEE.STD_LOGIC_1164.ALL;
ENTITY MMM IS
PORT(
    SE:IN STD_LOGIC;        --SE 为触发器的异步置"1"端
    CLK:IN STD_LOGIC;       --CLK 为触发器的时钟输入端
    D:IN STD_LOGIC;         --D 为触发器的数据输入端
    CLR:IN STD_LOGIC;       --CLR 为触发器的异步清"0"端
    UA:OUT STD_LOGIC        --UA 为触发器的数据输出端
```

```
);
END MMM;
ARCHITECTURE A OF MMM IS
BEGIN
    PROCESS(CLR,SE,CLK)
    BEGIN
        IF(CLR='0') THEN            --异步清零信号 CLR 有效时将触发器的状态清"0"
            UA<='0';
        ELSIF(SE='0')THEN           --异步置"1"信号 SE 有效时将触发器的状态置"1"
            UA<='1';
        ELSIF(CLK'EVENT AND CLK='1') THEN
            UA<=D;                  --实现一位触发器的数据锁存功能
        END IF;
    END PROCESS;
END A;
```

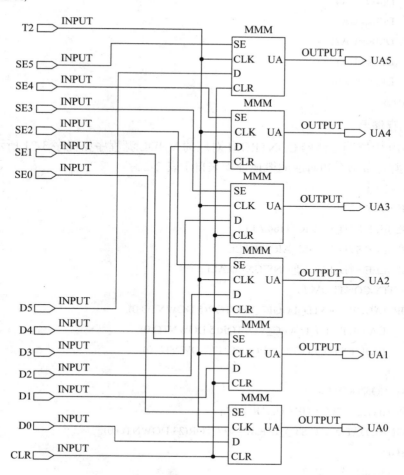

图 3-20　微地址寄存器 aa 的内部结构

### 3. 微地址转换器 F1

在图 3-19 中微地址转换器 F1 对应的 VHDL 源程序如程序 3-20 所示。

【程序 3-20】

```
LIBRARY IEEE;
USE IEEE.STD_LOGIC_1164.ALL;
ENTITY F1 IS
PORT(
    UA5,UA4,UA3,UA2,UA1,UA0: IN STD_LOGIC;
    D:OUT STD_LOGIC_VECTOR(5 DOWNTO 0)
);
END F1;
ARCHITECTURE A OF F1 IS
BEGIN
    D(5)<=UA5;
    D(4)<=UA4;
    D(3)<=UA3;
    D(2)<=UA2;
    D(1)<=UA1;
    D(0)<=UA0;
END A;
```

### 4. 控制存储器

在图 3-19 中控制存储器 CONTROM 对应的 VHDL 源程序如程序 3-21 所示。控制存储器中存放的所有微指令和对应的微地址均来自于表 2-2。

【程序 3-21】

```
LIBRARY IEEE;
USE IEEE.STD_LOGIC_1164.ALL;
USE IEEE.STD_LOGIC_ARITH.ALL;
USE IEEE.STD_LOGIC_UNSIGNED.ALL;
ENTITY CONTROM IS
PORT(ADDR: IN STD_LOGIC_VECTOR(5 DOWNTO 0);
    UA:OUT STD_LOGIC_VECTOR(5 DOWNTO 0);
    D:OUT STD_LOGIC_VECTOR(17 DOWNTO 0)
    );
END CONTROM;
ARCHITECTURE A OF CONTROM IS
SIGNAL DATAOUT: STD_LOGIC_VECTOR(23 DOWNTO 0);
BEGIN
    PROCESS(ADDR)
```

```
BEGIN
    CASE ADDR IS
        WHEN "000000" => DATAOUT<="111001100100111000000001";
        WHEN "000001" => DATAOUT<="100101100100011010010000";
        WHEN "000010" => DATAOUT<="100011100100011000000000";
        WHEN "000011" => DATAOUT<="100000100101111000000100";
        WHEN "000100" => DATAOUT<="100001101100111100000000";
        WHEN "000101" => DATAOUT<="100000100101111000000110";
        WHEN "000110" => DATAOUT<="100011100000111000000000";
        WHEN "000111" => DATAOUT<="100011110000111000000000";
        WHEN "001000" => DATAOUT<="010001100100011000000000";
        WHEN "010000" => DATAOUT<="100011100100101000000000";
        WHEN "010001" => DATAOUT<="111001100100111000000010";
        WHEN "010010" => DATAOUT<="100001000110111000000011";
        WHEN "010011" => DATAOUT<="111001100100111001000000";
        WHEN "010100" => DATAOUT<="100001000110111000000101";
        WHEN "010101" => DATAOUT<="100000100110111000000111";
        WHEN "010110" => DATAOUT<="111001100100111000001000";
        WHEN "010111" => DATAOUT<="100001000100110000000000";
        WHEN "100000" => DATAOUT<="010001100100011000000000";
        WHEN OTHERS => DATAOUT<="100001100100111000000000";
    END CASE;
    --微指令代码的低 6 位为后继微指令的微地址
    UA(5 DOWNTO 0)<=DATAOUT(5 DOWNTO 0);
    --微指令代码的高 18 位为微命令
    D(17 DOWNTO 0)<=DATAOUT(23 DOWNTO 6);
    END PROCESS;
END A;
```

## 5. 微命令寄存器

在图 3-19 中微命令寄存器 MCOMMAND 对应的 VHDL 源程序如程序 3-22 所示。微命令字段与 2.3.6 节微指令格式中的操作控制字段相对应。

【程序 3-22】

```
LIBRARY IEEE;
USE IEEE.STD_LOGIC_1164.ALL;
USE IEEE.STD_LOGIC_ARITH.ALL;
USE IEEE.STD_LOGIC_UNSIGNED.ALL;
ENTITY MCOMMAND IS
PORT(
```

```
        T2,T3,T4:IN STD_LOGIC;
        O:IN STD_LOGIC_VECTOR(17 DOWNTO 0);
        P1,P2,LOAD,LDPC,LDAR,LDIR,LDRI,RD_B,RS_B,S1,S0,ALU_B,
        LDAC,LDDR,CS_I,SW_B,LED_B,LDPSW:OUT STD_LOGIC
    );
END   MCOMMAND;
ARCHITECTURE A OF MCOMMAND IS
SIGNAL DATAOUT:STD_LOGIC_VECTOR(17 DOWNTO 0);
BEGIN
PROCESS(T2)
    BEGIN
            --在 T2 的上升沿将从控制存储器中读出的微命令送入微命令寄存器
        IF(T2'EVENT AND T2='1') THEN
                DATAOUT(17 DOWNTO 0)<=O(17 DOWNTO 0);
        END IF;
        --以下为每一个控制信号与微命令寄存器中每一个微命令及时序信号的
        --关系，其中表达式中不带 T3 或 T4 的信号为节拍电位信号，否则为节拍
        --脉冲信号，且在时钟的上升沿有效。
        P2<=DATAOUT(0);
        P1<=DATAOUT(1);
        LDPSW<=DATAOUT(2) AND T4;
        LED_B<=DATAOUT(3);
        SW_B<=DATAOUT(4);
        CS_I<=DATAOUT(5);
        LDDR<=DATAOUT(6) AND T4;
        LDAC<=DATAOUT(7) AND T4;
        ALU_B<=DATAOUT(8);
        S0<=DATAOUT(9);
        S1<=DATAOUT(10);
        RS_B<=DATAOUT(11);
        RD_B<=DATAOUT(12);
        LDRI<=DATAOUT(13) AND T4;
        LDIR<=DATAOUT(14) AND T3;
        LDAR<=DATAOUT(15) AND T3;
        LDPC<=DATAOUT(16) AND T4;
        LOAD<=DATAOUT(17);
    END PROCESS;
END A;
```

### 6. 微地址转换器 F2

在图 3-19 中微地址转换器 F2 对应的 VHDL 源程序如程序 3-23 所示。

【程序 3-23】

```
    LIBRARY IEEE;
    USE IEEE.STD_LOGIC_1164.ALL;
    ENTITY F2 IS
    PORT(
        D:IN STD_LOGIC_VECTOR(5 DOWNTO 0);
        UA5,UA4,UA3,UA2,UA1,UA0: OUT STD_LOGIC
        );
    END F2;
    ARCHITECTURE A OF F2 IS
    BEGIN
        UA5<=D(5);
        UA4<=D(4);
        UA3<=D(3);
        UA2<=D(2);
        UA1<=D(1);
        UA0<=D(0);
    END A;
```

### 7. 指令操作码转换器 F3

在图 3-19 中指令操作码转换器对应的 VHDL 源程序如程序 3-24 所示。

【程序 3-24】

```
    LIBRARY IEEE;
    USE IEEE.STD_LOGIC_1164.ALL;
    ENTITY F3 IS
    PORT(
        D:IN STD_LOGIC_VECTOR(3 DOWNTO 0);
        I7,I6,I5,I4: OUT STD_LOGIC
        );
    END F3;
    ARCHITECTURE A OF F3 IS
    BEGIN
        I7<=D(3);
        I6<=D(2);
        I5<=D(1);
        I4<=D(0);
    END A;
```

### 3.11.2　硬连线控制器(采用定长 CPU 周期)

硬连线控制器的原理已在第 1 章作了详细的介绍，按第 2 章设计的指令系统和指令格式所设计的硬连线控制器单元如图 3-21 所示，对应的 VHDL 源程序如程序 3-25 所示。

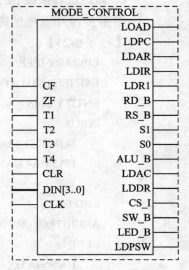

图 3-21　硬连线控制器单元

【程序 3-25】
```
LIBRARY IEEE;
USE IEEE.STD_LOGIC_1164.ALL;
ENTITY MODE_CONTROL IS
PORT(
        CF,ZF: IN STD_LOGIC;
        T1,T2,T3,T4,CLR: IN STD_LOGIC;
        DIN: IN STD_LOGIC_VECTOR(3 DOWNTO 0);
        CLK: IN STD_LOGIC;
        LOAD,LDPC,LDAR,LDIR,LDRI,RD_B,RS_B,S1,S0:OUT
STD_LOGIC;
        ALU_B,LDAC,LDDR,CS_I,SW_B,LED_B,LDPSW:OUT STD_LOGIC
    );
END MODE_CONTROL;
ARCHITECTURE A OF MODE_CONTROL IS
SIGNAL YIMA: STD_LOGIC_VECTOR(7 DOWNTO 0);
SIGNAL IN1,MOV,CMP,JB,ADD,INC,JMP,OUT1: STD_LOGIC;
SIGNAL M: STD_LOGIC:='0';
BEGIN
    P1:PROCESS(CLR,T4)        --该进程与 3.10.2 节的程序 3-15 相同
    BEGIN
        IF(CLR='0') THEN
            M<='0';
        ELSIF(T4'EVENT AND T4='0') THEN
            M<=NOT M;
        END IF;
    END PROCESS P1;
    P2: PROCESS(CLK)
    BEGIN
        CASE DIN(3 DOWNTO 0) IS     --CASE 语句完成对指令操作码的译码功能
            WHEN "0000" => YIMA<= "00000001" ;
            WHEN "0001" => YIMA<= "00000010" ;
            WHEN "0010" => YIMA<= "00000100" ;
            WHEN "0011" => YIMA<= "00001000" ;
```

　　　　　　　WHEN "0100" => YIMA<= "00010000" ;

　　　　　　　WHEN "0101" => YIMA<= "00100000" ;

　　　　　　　WHEN "0110" => YIMA<= "01000000" ;

　　　　　　　WHEN "0111" => YIMA<= "10000000" ;

　　　　　　　WHEN OTHERS => YIMA<= "00000000" ;

　　　END CASE;

　　　--以下为根据图 2-6 和 1.5 节介绍的原理设计出的带有时序的所有控制

　　　--信号的逻辑表达式，每个控制信号的功能详见第 3 章的各单元电路和

　　　--顶层电路图。

　　　LOAD<=NOT((JMP AND T4 AND (NOT M))OR(JB AND T4 AND (NOT M)AND(CF
　　　　　　AND (NOT ZF))));

　　　LDPC<=(T1 AND (NOT CLK)AND (NOT M))OR((MOV OR JB OR JMP)AND T3 AND
　　　　　　(NOT CLK)AND(NOT M))OR(JB AND T4 AND(NOT CLK)AND(NOT M)AND
　　　　　　(CF AND(NOT ZF)))OR(JMP AND T4 AND(NOT CLK)AND(NOT M));

　　　LDAR<=(T1 OR((MOV OR JB OR JMP)AND T3))AND(NOT CLK)AND(NOT M);

　　　LDIR<=T2 AND(NOT CLK)AND(NOT M);

　　　LDRI<=(IN1 AND T3 AND(NOT CLK)AND(NOT M))OR(MOV AND T4 AND(NOT
　　　　　　CLK)AND(NOT M))OR(ADD AND T1 AND(NOT CLK)AND M)OR(INC AND
　　　　　　T4 AND(NOT CLK)AND(NOT M));

　　　RD_B<=NOT((CMP AND T4 AND(NOT M))OR(ADD AND T4 AND(NOT M))OR(INC
　　　　　　AND T3 AND(NOT M)));

　　　RS_B<=NOT((CMP OR ADD OR OUT1)AND T3 AND(NOT M));

　　　S1<=INC AND T4 AND(NOT M);

　　　S0<=CMP AND T1 AND M;

　　　ALU_B<=NOT((ADD AND T1 AND M)OR(INC AND T4 AND (NOT M)));

　　　LDAC<=(CMP OR ADD OR INC)AND T3 AND(NOT CLK)AND(NOT M);

　　　LDDR<=(CMP OR ADD)AND T4 AND (NOT CLK)AND(NOT M);

　　　CS_I<=NOT((T2 AND(NOT M))OR(MOV AND T4 AND(NOT M))OR(JB AND T4
　　　　　　AND(NOT M)AND(CF AND(NOT ZF)))OR(JMP AND T4 AND(NOT M)));

　　　SW_B<=NOT(IN1 AND T3 AND(NOT M));

　　　LED_B<=NOT(OUT1 AND T3 AND(NOT M));

　　　LDPSW<=CMP AND T1 AND(NOT CLK)AND M;

　END PROCESS P2;

--以下 8 条语句用来将指令操作码的译码信息转换成对应的指令助记符

OUT1<=YIMA(7);

JMP<=YIMA(6);

INC<=YIMA(5);

ADD<=YIMA(4);

JB<=YIMA(3);

```
        CMP<=YIMA(2);
        MOV<=YIMA(1);
        IN1<=YIMA(0);
    END A;
```

### 3.11.3　硬连线控制器(采用变长 CPU 周期)

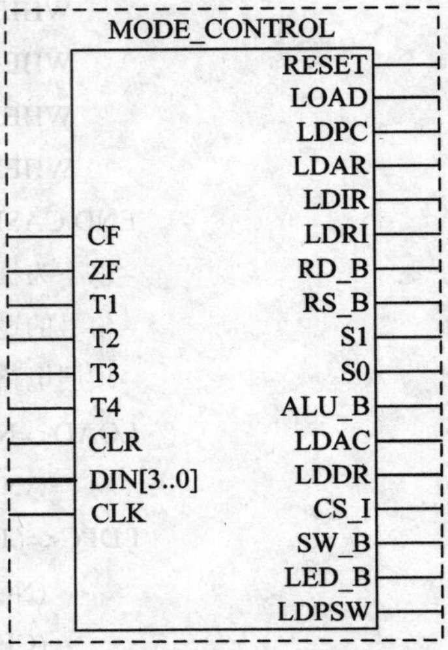

按第 2 章设计的指令系统和指令格式，采用变长 CPU 周期设计的硬连线控制器单元与定长 CPU 周期的硬连线控制器单元基本相同，如图 3-22 所示。因为对节拍电位信号 M 的修改不一定发生在 T4 的下降沿，所以硬连线控制器在采用 VHDL 设计节拍电位产生电路时，增加了一个复位控制信号 RESET，如图 3-22 右上角的 RESET 引脚。采用变长 CPU 周期设计的硬连线控制器单元对应的 VHDL 源程序如程序 3-26 所示。它与程序 3-25 的不同之处仅在于程序 3-26 中加有下划线的部分。

图 3-22　硬连线控制器单元

【程序 3-26】

```
    LIBRARY IEEE;
    USE IEEE.STD_LOGIC_1164.ALL;
    ENTITY MODE_CONTROL IS
    PORT(
        CF,ZF: IN STD_LOGIC;
        T1,T2,T3,T4,CLR: IN STD_LOGIC;
        DIN: IN STD_LOGIC_VECTOR(3 DOWNTO 0);
        CLK: IN STD_LOGIC;
        RESET: OUT STD_LOGIC;
        LOAD,LDPC,LDAR,LDIR,LDRI,RD_B,RS_B,S1,S0,ALU_B,LDAC,LDDR,
        CS_I,SW_B,LED_B,LDPSW: OUT STD_LOGIC
        );
    END MODE_CONTROL;
    ARCHITECTURE A OF MODE_CONTROL IS
    SIGNAL YIMA: STD_LOGIC_VECTOR(7 DOWNTO 0);
    SIGNAL IN1,MOV,CMP,JB,ADD,INC,JMP,OUT1: STD_LOGIC;
    SIGNAL M: STD_LOGIC:='0';
    SIGNAL RESET1,RESET2: STD_LOGIC;
    BEGIN
        RESET<=(IN1 AND NOT M AND T3)OR(MOV AND NOT M AND T4)OR(CMP AND M AND
            T1)OR(JB AND NOT M AND T4)OR(ADD AND M AND T1)OR(INC AND NOT
            M AND T4)OR(JMP AND NOT M AND T4)OR(OUT1 AND NOT M AND T3);
        RESET1<=(IN1 AND NOT M AND T3)OR(MOV AND NOT M AND T4)OR(CMP AND M AND
            T1)OR(JB AND NOT M AND T4)OR(ADD AND M AND T1)OR(INC AND NOT
```

M AND T4)OR(JMP AND NOT M AND T4)OR(OUT1 AND NOT M AND T3);

```
P0:PROCESS(CLK)
BEGIN
    IF(CLK'EVENT AND CLK='1') THEN
        RESET2<=RESET1;
    END IF;
END PROCESS P0;
P1:PROCESS(CLR,RESET2,T4)        --该进程与 3.10.3 节的程序 3-17 相同
BEGIN
    IF(CLR='0' OR RESET2='1') THEN
        M<='0';
    ELSIF(T4'EVENT AND T4='0') THEN
        M<='1';
    END IF;
END PROCESS P1;
P2: PROCESS(CLK)
BEGIN
    CASE DIN(3 DOWNTO 0) IS
        WHEN "0000" => YIMA<= "00000001" ;
        WHEN "0001" => YIMA<= "00000010" ;
        WHEN "0010" => YIMA<= "00000100" ;
        WHEN "0011" => YIMA<= "00001000" ;
        WHEN "0100" => YIMA<= "00010000" ;
        WHEN "0101" => YIMA<= "00100000" ;
        WHEN "0110" => YIMA<= "01000000" ;
        WHEN "0111" => YIMA<= "10000000" ;
        WHEN OTHERS => YIMA<= "00000000" ;
    END CASE;
    LOAD<=NOT((JMP AND T4 AND (NOT M))OR(JB AND T4 AND (NOT M)AND(CF
            AND (NOT ZF))));
    LDPC<=(T1 AND (NOT CLK)AND (NOT M))OR((MOV OR JB OR JMP)AND T3 AND
            (NOT CLK)AND(NOT M))OR(JB AND T4 AND(NOT CLK)AND(NOT M)AND
            (CF AND(NOT ZF)))OR(JMP AND T4 AND(NOT CLK)AND(NOT M));
    LDAR<=(T1 OR((MOV OR JB OR JMP)AND T3))AND(NOT CLK)AND(NOT M);
    LDIR<=T2 AND(NOT CLK)AND(NOT M);
    LDRI<=(IN1 AND T3 AND(NOT CLK)AND(NOT M))OR(MOV AND T4 AND(NOT CLK)
            AND(NOT M))OR(ADD AND T1 AND(NOT CLK)AND M)OR(INC AND T4 AND
            (NOT CLK)AND(NOT M));
    RD_B<=NOT((CMP AND T4 AND(NOT M))OR(ADD AND T4 AND(NOT M))OR(INC
```

```
                    AND T3 AND(NOT M)));
        RS_B<=NOT((CMP OR ADD OR OUT1)AND T3 AND(NOT M));
        S1<=INC AND T4 AND(NOT M);
        S0<=CMP AND T1 AND M;
        ALU_B<=NOT((ADD AND T1 AND M)OR(INC AND T4 AND (NOT M)));
        LDAC<=(CMP OR ADD OR INC)AND T3 AND (NOT CLK) AND (NOT M);
        LDDR<=(CMP OR ADD)AND T4 AND (NOT CLK) AND (NOT M);
        CS_I<=NOT((T2 AND(NOT M))OR(MOV AND T4 AND(NOT M))OR(JB AND T4
                    AND(NOT M)AND(CF AND(NOT ZF)))OR(JMP AND T4 AND(NOT M)));
        SW_B<=NOT(IN1 AND T3 AND(NOT M));
        LED_B<=NOT(OUT1 AND T3 AND(NOT M));
        LDPSW<=CMP AND T1 AND(NOT CLK)AND M;
    END PROCESS P2;
    OUT1<=YIMA(7);
    JMP<=YIMA(6);
    INC<=YIMA(5);
    ADD<=YIMA(4);
    JB<=YIMA(3);
    CMP<=YIMA(2);
    MOV<=YIMA(1);
    IN1<=YIMA(0);
END A;
```

# 3.12　顶层电路单元

## 3.12.1　CISC 模型机的顶层电路单元(范例)

在 MAX+plus Ⅱ下设计的采用单数据总线结构 CISC 模型机的顶层电路图如图 3-23 所示，其顶层电路单元的功能也可直接采用 VHDL 源程序来描述。

## 3.12.2　采用定长 CPU 周期的 RISC 模型机的顶层电路单元(范例)

在 MAX+plus Ⅱ下设计的采用定长 CPU 周期的 RISC 模型机的顶层电路图如图 3-24 所示。

## 3.12.3　采用变长 CPU 周期的 RISC 模型机的顶层电路单元(范例)

在 MAX+plus Ⅱ下设计的采用变长 CPU 周期的 RISC 模型机的顶层电路图如图 3-25 所示。

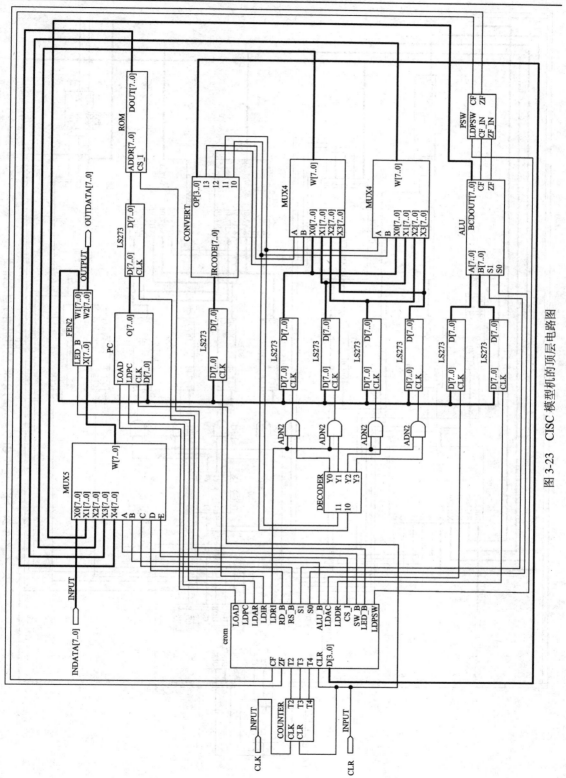

图 3-23 CISC 模型机的顶层电路图

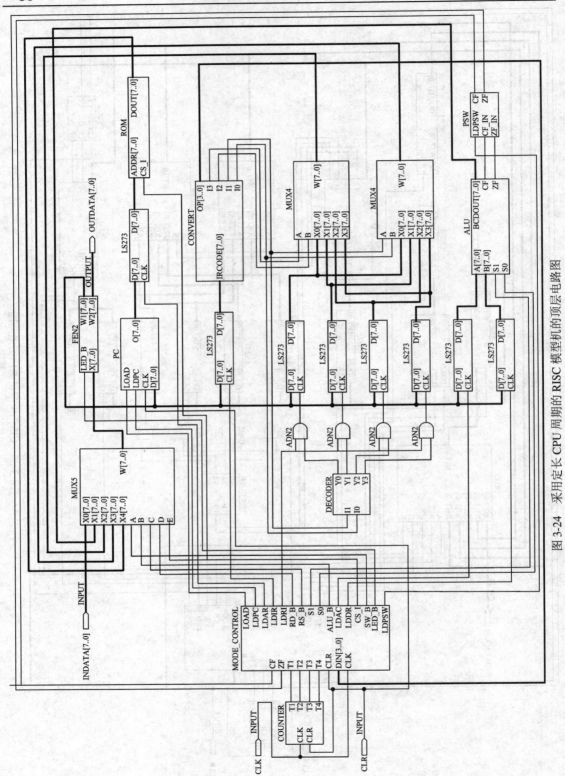

图 3-24　采用定长 CPU 周期的 RISC 模型机的顶层电路图

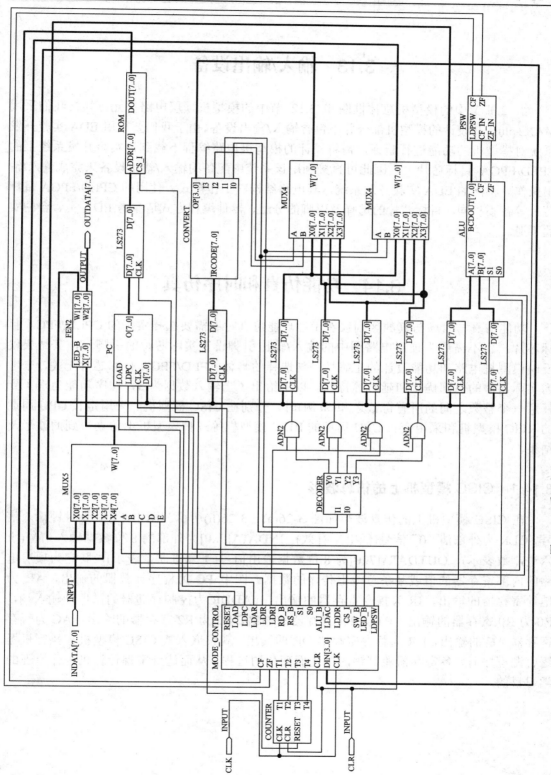

图 3-25　采用变长 CPU 周期的 RISC 模型机的顶层电路图

# 3.13　输入/输出设备

由 2.3 节中的模型机总体框图和 3.12 节中的模型机顶层电路单元可知，我们采用 MAX+plus Ⅱ设计的模型机部分并不包含输入/输出设备。由于我们要采用 EDA 实验开发系统对模型机的功能进行验证，需将设计的模型机电路编程下载到该实验开发系统上的 CPLD/FPGA 目标芯片上，因此可直接利用该系统中配备的输入/输出设备来完成输入/输出操作。不同的 EDA 实验开发系统，其电路结构、工作模式、使用的 CPLD/FPGA 目标芯片等各不相同，目标芯片的选择及引脚的分配、器件编程方式请参考 EDA 实验台的实验手册。

# 3.14　功能仿真和时序仿真

功能仿真与时序仿真的区别仅在于：功能仿真时不需要选择实际的 CPLD/FPGA 目标芯片，也不需要为顶层电路图中的输入/输出引脚设置实际芯片的引脚号，其结果仅反映模型机电路和功能设计的正确性，与选择的具体 CPLD/FPGA 目标芯片无关，未考虑实际器件的内部优化和延时等特性。以下给出了当输入数据为 5，程序功能为求 1 到任意一个整数之间的所有奇数之和(范例)时，分别在 CISC 模型机、采用定长 CPU 周期的 RISC 模型机和采用变长 CPU 周期的 RISC 模型机等三种模型机上仿真得到的波形及结果。

## 3.14.1　CISC 模型机上的仿真波形

在 CISC 模型机上的仿真波形如图 3-26(a)～3-26(n)所示。图中 CLK 为时钟输入信号，CLR 为外部清"0"信号(低电平有效)，INDATA[7..0]为外部的 8 位数据输入信号(十六进制数表示)，OUTDATA[7..0]为 8 位数据输出信号(十六进制数表示)，其它为顶层电路的内部寄存器的值或某条总线上传输的数据。图中 PC 为程序计数器的输出，AR 为地址寄存器的输出，IR 为指令寄存器的输出，uADDR 为控制存储器的微地址输入端，R0 为 R0 寄存器的输出，R1 为 R1 寄存器的输出，R2 为 R2 寄存器的输出，AC 为暂存寄存器 AC 的输出，DR 为暂存寄存器 DR 的输出。观察嵌入式 CISC 模型机在执行机器语言源程序时，各寄存器随时钟的变化而变化的过程，从而达到掌握计算机工作原理的学习目的。

输入数据为5　　　第1条机器指令IN1 R0的指令代码　　第2条机器指令MOV R1，1指令代码的第1个字节

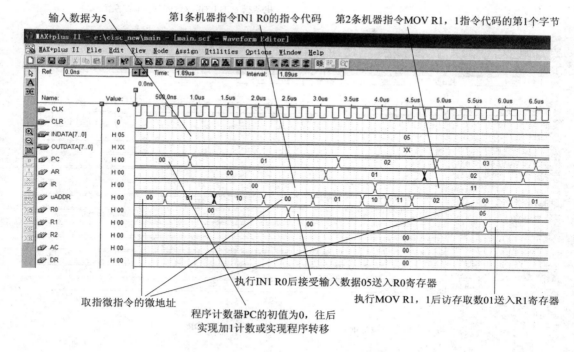

取指微指令的微地址

执行IN1 R0后接受输入数据05送入R0寄存器

程序计数器PC的初值为0，往后
实现加1计数或实现程序转移

执行MOV R1，1后访存取数01送入R1寄存器

图 3-26(a)　在 CISC 模型机上的仿真波形图 1

机器指令MOV R2，0指令代码的第1个字节　　　　机器指令CMP R0，R1的指令代码

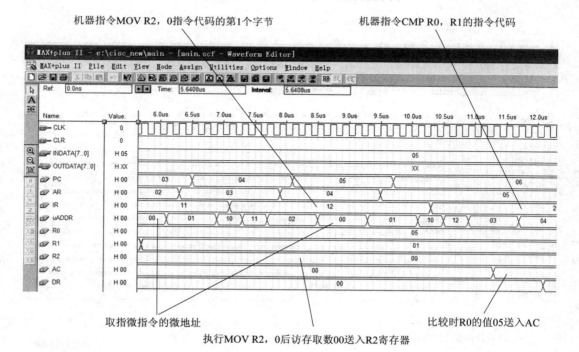

取指微指令的微地址

比较时R0的值05送入AC

执行MOV R2，0后访存取数00送入R2寄存器

图 3-26(b)　在 CISC 模型机上的仿真波形图 2

机器指令JB L2指令代码的第1个字节

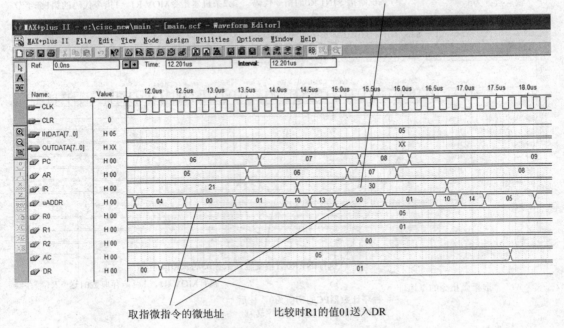

取指微指令的微地址          比较时R1的值01送入DR

图 3-26(c)    在 CISC 模型机上的仿真波形图 3

机器指令ADD R1，R2的指令代码                机器指令INC R1的指令代码

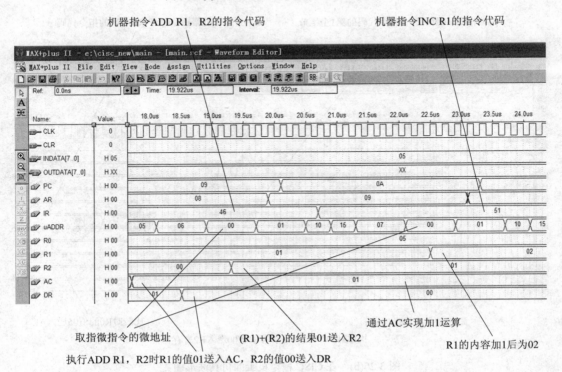

取指微指令的微地址

执行ADD R1，R2时R1的值01送入AC，R2的值00送入DR

(R1)+(R2)的结果01送入R2

通过AC实现加1运算

R1的内容加1后为02

图 3-26(d)    在 CISC 模型机上的仿真波形图 4

机器指令INC R1的指令代码　　　　机器指令JMP L1指令代码的第1个字节

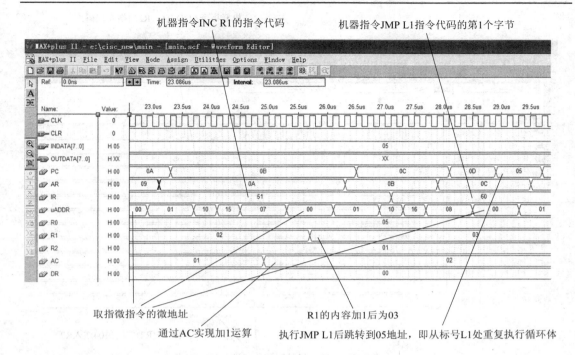

取指微指令的微地址

通过AC实现加1运算

R1的内容加1后为03

执行JMP L1后跳转到05地址，即从标号L1处重复执行循环体

图 3-26(e)　在 CISC 模型机上的仿真波形图 5

机器指令CMP R0，R1的指令代码　　　　机器指令JB L2指令代码的第1个字节

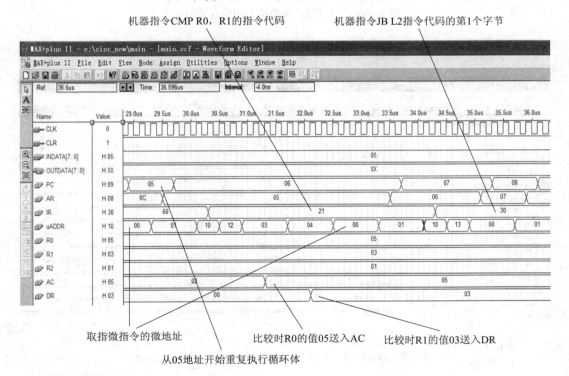

取指微指令的微地址

从05地址开始重复执行循环体

比较时R0的值05送入AC

比较时R1的值03送入DR

图 3-26(f)　在 CISC 模型机上的仿真波形图 6

机器指令ADD R1，R2的指令代码

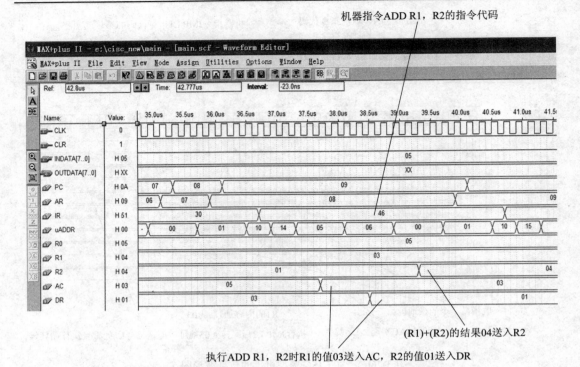

(R1)+(R2)的结果04送入R2

执行ADD R1，R2时R1的值03送入AC，R2的值01送入DR

图 3-26(g)　　在 CISC 模型机上的仿真波形图 7

机器指令INC R1的指令代码　　　　　机器指令INC R1的指令代码

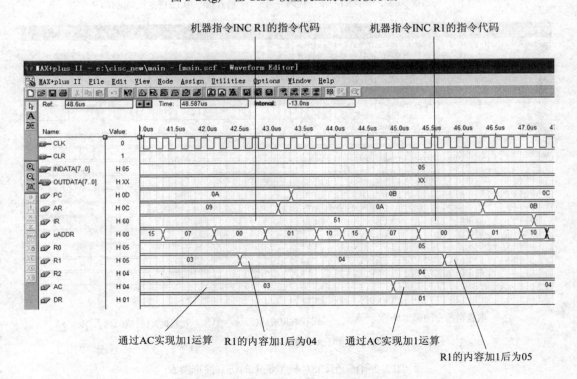

通过AC实现加1运算　　R1的内容加1后为04　　通过AC实现加1运算

R1的内容加1后为05

图 3-26(h)　　在 CISC 模型机上的仿真波形图 8

机器指令JMP L1指令代码的第1个字节　　　　　　　机器指令CMP R0，R1的指令代码

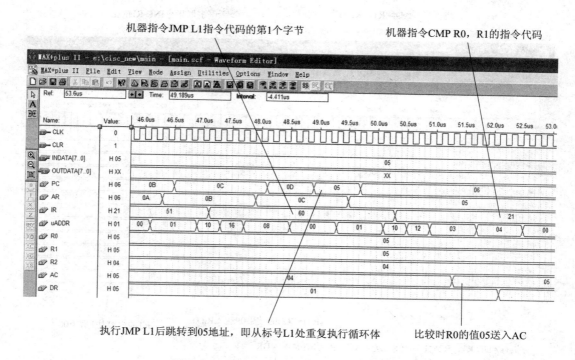

执行JMP L1后跳转到05地址，即从标号L1处重复执行循环体　　　比较时R0的值05送入AC

图 3-26(i)　在 CISC 模型机上的仿真波形图 9

机器指令JB L2指令代码的第1个字节

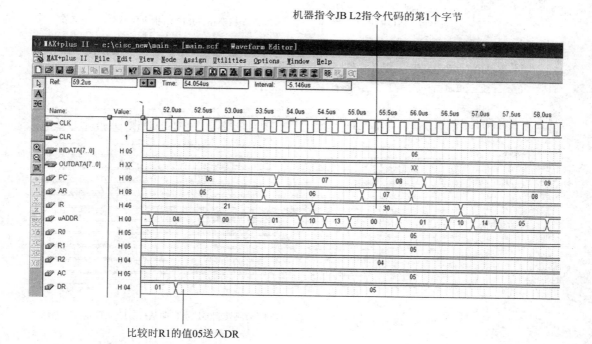

比较时R1的值05送入DR

图 3-26(j)　在 CISC 模型机上的仿真波形图 10

机器指令ADD R1, R2的指令代码  机器指令INC R1的指令代码

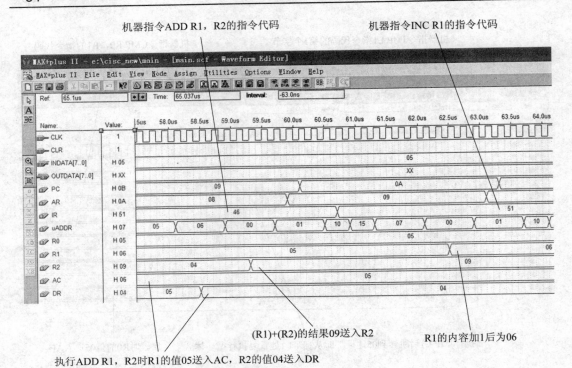

(R1)+(R2))的结果09送入R2    R1的内容加1后为06

执行ADD R1, R2时R1的值05送入AC, R2的值04送入DR

图 3-26(k)　在 CISC 模型机上的仿真波形图 11

机器指令INC R1的指令代码  机器指令JMP L1指令代码的第1个字节

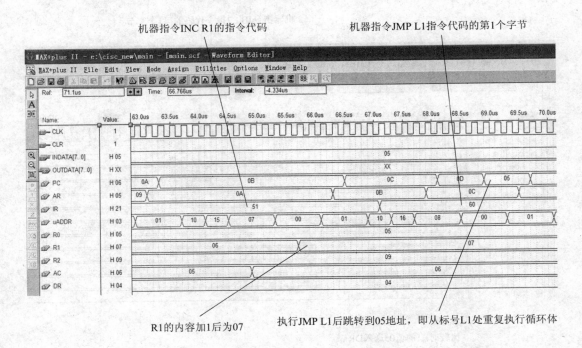

R1的内容加1后为07    执行JMP L1后跳转到05地址, 即从标号L1处重复执行循环体

图 3-26(l)　在 CISC 模型机上的仿真波形图 12

机器指令CMP R0，R1的指令代码

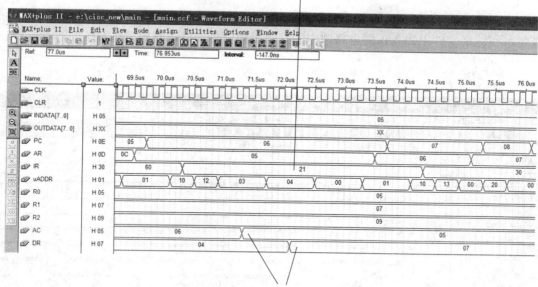

比较时R0的值05送入AC，R1的值07送入DR

图 3-26(m)　在 CISC 模型机上的仿真波形图 13

机器指令JMP L2指令代码的第1个字节，执行的结果是循环执行OUT1 R2指令

机器指令JB L2指令代码的第1个字节　　　　　机器指令OUT1 R2的指令代码

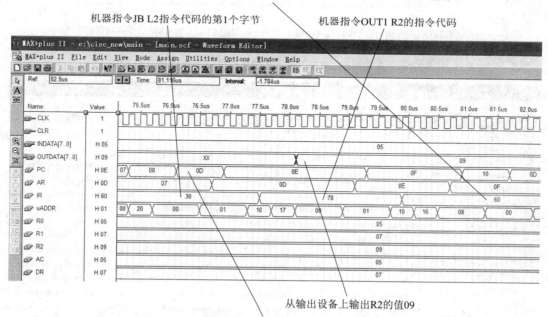

从输出设备上输出R2的值09

PC未在08的基础上加1，而是被JB L2指令成功地修改成地址0D(标号L2的地址)，说明已跳出循环体

图 3-26(n)　在 CISC 模型机上的仿真波形图 14

### 3.14.2　采用定长 CPU 周期的 RISC 模型机上的仿真波形

在采用定长 CPU 周期的 RISC 模型机上的仿真波形如图 3-27(a)～3-27(e)所示。读者仿真时可在波形文件中加入顶层电路图中的其他中间信号，以观察模型机系统的运行过程。

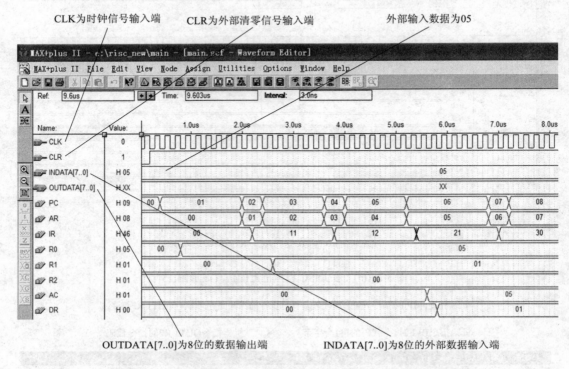

图 3-27(a)　在采用定长 CPU 周期的 RISC 模型机上的仿真波形图 1

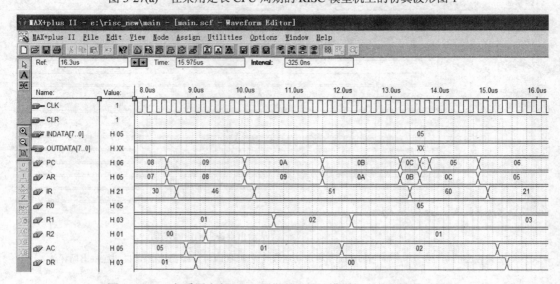

图 3-27(b)　在采用定长 CPU 周期的 RISC 模型机上的仿真波形图 2

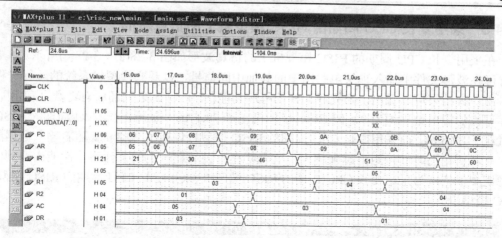

图 3-27(c)　在采用定长 CPU 周期的 RISC 模型机上的仿真波形图 3

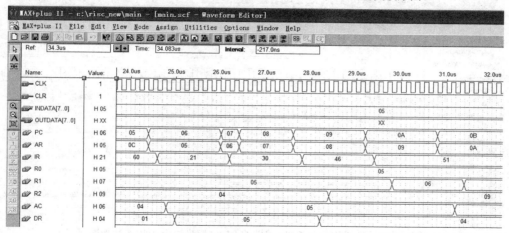

图 3-27(d)　在采用定长 CPU 周期的 RISC 模型机上的仿真波形图 4

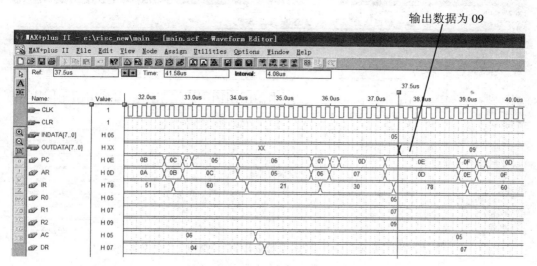

图 3-27(e)　在采用定长 CPU 周期的 RISC 模型机上的仿真波形图 5

### 3.14.3　采用变长 CPU 周期的 RISC 模型机上的仿真波形

在采用变长 CPU 周期的 RISC 模型机上的仿真波形如图 3-28(a)～3-28(c)所示。读者仿真时可在波形文件中加入顶层电路图中的其他中间信号，以观察模型机系统的运行过程。

由仿真结果可以看出，当完成同样的程序功能(求 1 到 5 之间的所有奇数之和)时，三种模型机的输出结果均为 9，但 CISC 模型机花了 78.1 us，采用定长 CPU 周期的 RISC 模型机花了 37.5 us，而采用变长 CPU 周期的 RISC 模型机仅花了 20.3 us。随着输入数据的增大，三者所花的时间差距将越来越大，这表明在时钟周期一定的条件下，性能由高到低的三种模型机依次为采用变长 CPU 周期的 RISC 模型机、采用定长 CPU 周期的 RISC 模型机、CISC 模型机。

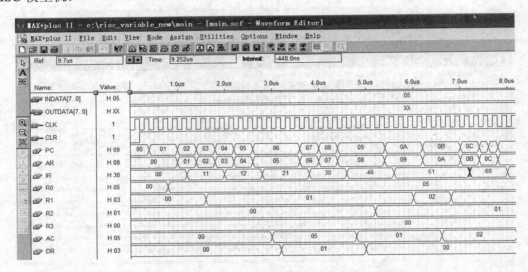

图 3-28(a)　在采用变长 CPU 周期的 RISC 模型机上的仿真波形图 1

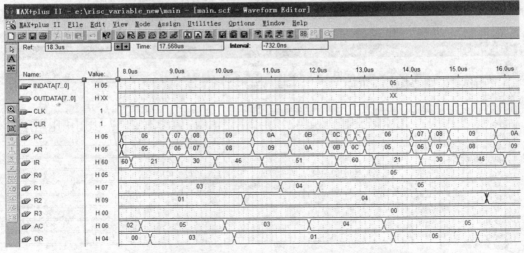

图 3-28(b)　在采用变长 CPU 周期的 RISC 模型机上的仿真波形图 2

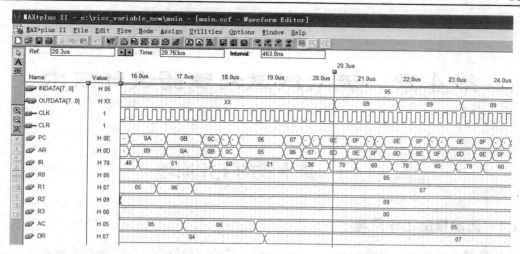

图 3-28(c)　在采用变长 CPU 周期的 RISC 模型机上的仿真波形图 3

值得说明的是，本书中设计的 CISC 模型机还可进一步优化，即一个 CPU 周期内还可以完成更多的操作，但三者比较起来，它的性能仍然是最差的。现在的 CISC 计算机已逐渐采用 RISC 中的很多技术，如采用 RISC 内核、超标量超流水技术等，这种 CISC 计算机被称为退耦的 CISC/RISC 计算机。

# 第 4 章　流水线微处理器设计技术

## 4.1　流水线的工作原理

### 4.1.1　流水线的工作原理

　　计算机中使用的流水线是对工厂中生产流水线的一种模仿。生产流水线分成很多个阶段，每个阶段的工人完成本阶段指定的任务，并把部分完成的产品传送到下一个阶段。原材料不断地流入生产流水线，最终完成的产品不断地流出生产流水线。将这一思路借鉴到计算机，把微处理器的指令执行过程以及运算过程也分成若干个阶段，并使各阶段同时工作，那么微处理器的工作效率也必定会有较大的提高。

　　计算机流水线设计是将一个顺序处理过程分解成若干个子处理过程，每个子处理过程叫做一个流水段或流水级，每个流水段完成一个具体的功能并产生一个(中间)结果，每个流水段的结果依次传送到下一个流水段，最后一个流水段的输出便是指令执行的结果。假设计算机解释一条机器指令的过程可分解成"取指"、"译码"、"执行"、"访存"和"写回"等 5 个子过程，如图 4-1 所示。每个子过程由独立的子部件来实现，每个子部件也称为一个功能段。如果没有特殊说明，则我们就假设各功能段经过的时间均为 Δt。"取指"是指按程序计数器 PC 的内容访存，取出一条指令送到指令寄存器，并修改程序计数器的值以提前形成下一条指令的地址；"译码"是指对指令的操作码进行译码，并从寄存器堆中取出操作数；"执行"是指按寻址方式和地址字段形成操作数的有效地址，若为非访存指令，则执行指令功能；"访存"是指根据"执行"子过程形成的有效地址访存取数或存数；"写回"是指将运算的结果写回到寄存器堆。

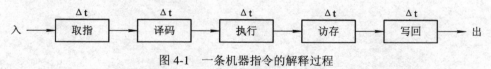

图 4-1　一条机器指令的解释过程

　　指令的流水解释方式是指在解释第 k 条指令的操作完成之前，就可以开始解释第 k+1 条指令。指令流水解释的时空图如图 4-2 所示，当第 1 条指令完成"取指"子过程而进入"译码"子过程时，就可以开始第 2 条指令的"取指"子过程；当第 1 条指令完成"译码"子过程而进入"执行"子过程时，就可以开始第 2 条指令的"译码"子过程，同时，第 2 条指令的"取指"子过程结束，就可以开始第 3 条指令的"取指"子过程；依此类推，当第 1 条指令进入"写回"子过程时，第 2 条指令可进入"访存"子过程，第 3 条指令可进入"执行"子过程，第 4 条指令可进入"译码"子过程，第 5 条指令可进入"取指"子过程。显然，图 4-2 中的流水线可同时解释 5 条指令。由于每一条指令的解释仍然要经过 "取指"、"译码"、"执行"、"访存" 和 "写回" 5 个子过程，因此流水解释方式并不能加快一条指令的解释速度。但由于上一条指令与下一条指令的 5 个子过程在时间上可以重叠执行，因此流水线解释方式可以加快相邻两条指令甚至一段程序的解释速度。流水解释方式的主要优点是加快了指令的解释速度，提高了机器的性能。主要缺点是控制复杂，在软件编译和硬件执行的过程中要解决好指令之间出现的各种相关以及中断等问题。计算机发展到现在，流水线技术已经成为各类机器普遍采用的、用来改善性能的基本手段。

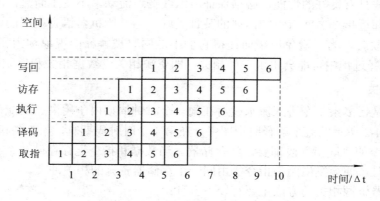

图 4-2 指令流水解释的时空图

在流水线技术中，一般有如下特点：

(1) 一条流水线通常由多个流水段(或称流水级)组成。各个流水段分别承担不同的工作，也可以把这些流水段看作功能部件。如在图 4-1 中，指令流水线由五个功能段组成，依次是 "取指"、"译码"、"执行"、"访存" 和 "写回"。在实际机器中，一条流水线的功能部件根据完成的任务及采用的设计思想不同，其数目也各不相同。例如，Intel 公司的 Pentium 微处理器的流水线设计为 5 段，Pentium III 微处理器的流水线设计为 10 段，Willamete 核心 Pentium 4 微处理器的流水线设计为 20 段，Intel 公司基于 Core 核心的 Conroe 微处理器的流水线为 14 段，SUN 公司的 Niagara-2 微处理器的整数操作流水线为 8 段，浮点操作流水线为 12 段。

(2) 每个流水段有专门的功能部件对指令进行某种加工。例如，SUN 公司的 Niagara 微处理器流水线分为 6 段，分别为 "取指"、"选择"、"译码"、"执行"、"访存" 和 "写回"。在取指段根据程序计数器的值和线程选择逻辑发出的控制命令访问指令 Cache，并将取出的指令送往指令缓冲区，同时修改程序计数器的值。在选择段根据指令类型、指令 Cache 是否缺失(不命中)、是否产生陷阱和中断、是否有资源冲突等进行线程选择。在译码段完成操作码和寻址方式的译码工作，并从寄存器取数。在执行段完成各类算术逻辑运算和寄存器修改。在访存段完成对数据 Cache 的访问操作。在写回段完成对二级 Cache 的访问操作。

(3) 各流水段所需的时间是一样的。若流水线的各流水段经过的时间相同，则可以简化流水线的控制线路设计，提高流水线的性能。

(4) 流水线工作阶段可分为建立、满载和排空三个阶段。从第一个任务进入流水线到流水线所有的功能部件都处于工作状态的这一个时期，称为流水线的建立阶段。当所有功能部件都处于工作状态时，称为流水线的满载阶段。从最后一条指令流入流水线到结果流出，称为流水线的排空阶段。

(5) 在理想情况下，即不发生任何资源相关、数据相关和控制相关的情况下，当流水线满载后，每隔一个时钟周期就能解释完一条指令或有一个结果流出流水线。

### 4.1.2　相关问题及解决方法

要使流水线具有良好的性能，必须保证流水线畅通流动，不发生断流。因此，在控制上必须解决好邻近指令之间有可能出现的某种关联。当一段机器语言程序的邻近指令之间出现了某种关联时，为了避免出错而使得它们不能同时被解释的现象称为相关(或相关冲突)。在流水解释过程中可能会出现三种相关，即资源相关、数据相关和控制相关。

#### 1. 资源相关

资源相关是指多条指令进入流水线后在同一个时钟周期内争用同一功能部件时所发生的相关。在图 4-2 所示的流水解释时空图中，在第 4 个时钟周期时，第 1 条指令的"访存"段与第 4 条指令的"取指"段都要访问存储器。当数据和指令混存在同一个存储器且只有一个访问端口时，便会发生两条指令争用同一个存储器资源的相关冲突。

解决存储器资源相关的方法主要有以下五种：

(1) 从时间上推后下一条指令的访存操作。虽然这种方法会降低流水处理的性能，但在其它方法无法解决时仍然可以使用。

(2) 让操作数和指令分别存放于两个独立编址且可同时访问的主存储器中。这有利于实现指令的保护，但增加了主存总线控制的复杂性及软件设计的难度。在哈佛结构(又称非冯·诺依曼结构)的计算机设计时采用的就是这种方法。

(3) 仍然维持指令和操作数混存，但采用多模块交叉主存结构。只要发生资源相关的指令和操作数位于不同的存储模块内，就仍可在一个主存周期(或稍许多一些时间)内取得这两者，从而实现访存取数与访存取指的重叠。当然，若这两者正好共存于一个存储模块内就无法重叠。

(4) 在 CPU 内增设指令 Cache。设置指令 Cache 就可以在主存有空时，根据程序的空间局部性原理预先把下一条或下几条指令取出来存放在指令 Cache 中，最多可预取多少条指令取决于指令 Cache 的容量。这样，访存取数就能与访存取指重叠，因为前者是访问主存取操作数，而后者是访问指令 Cache 取指。

(5) 在 CPU 内增设指令 Cache 和数据 Cache。工作原理与第(4)种方法相同，这种方法已在现代高性能微处理器中得到广泛使用。

#### 2. 数据相关

数据相关是指由于相邻的两条或多条指令使用了相同的数据地址而发生的关联。这里所说的数据地址包括存储单元地址和寄存器地址。

在流水解释过程中，指令的处理是重叠进行的，在前一条指令还没有解释完时，就开始了下一条指令的解释。对于一个 k 级流水线而言，可同时处理 k 条不同的指令，如果其中一条指令的源操作数地址正好是流水线中前面某一条指令的目的操作数地址，便会发生数据相关。

解决数据相关的方法主要有以下两种：

(1) 推后相关单元的读。这里所指的相关单元既包括寄存器也包括存储单元。具体是指推后下一条指令对相关单元的读操作，直到上一条指令完成对相关单元的写操作。

(2) 设置相关专用通路，又称采用定向传送技术。在运算器的输出与暂存器 B、C 输入之间增设一条"相关专用通路"，如图 4-3 所示。当发生先写后读数据相关时，不必推后相关单元的读操作，对于三级以上的流水线，虽然读到暂存器 B 或 C 中的是一个错误的值，但在发生先写后读数据相关的前一条指令在运算结果生成后，就直接通过相关专用通路将运算结果定向传往 B 或 C，以保证在用到 B 和 C 中的数据进行运算之前，已更新 B 或 C 中的数据。对于三级流水线，当判断到相邻两条指令之间存在先写后读数据相关时，通过多路选择器将相关专用通路上的数据(前一条指令的运算结果)定向传往 B 或 C，以保证在用到 B 或 C 的数据进行运算之前，B 或 C 中的数据已是更新后的目的寄存器的值。

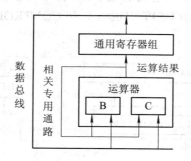

图 4-3　相关专用通路

推后相关单元的读和设置相关专用通路是解决流水解释方式中数据相关的两种基本方法。推后相关单元的读是以降低速度为代价，使设备基本上不增加；而设置相关专用通路是以增加硬件为代价，使流水解释的性能尽可能不降低。

### 3. 控制相关

控制相关是指由转移指令引起的相关。当执行转移指令时，依据转移条件产生的结果，可能为顺序取下一条指令，也可能转移到新的目标地址取指令，从而使流水线发生断流。

解决控制相关的方法主要有以下三种：

(1) 清除在转移指令之后进入指令流水线中的指令。该方法控制简单、易于实现，但会显著降低流水线的效率。

(2) 延迟转移技术。该方法由编译程序重排指令序列来实现。它将转移指令与其前面的与转移指令无关的一条或几条指令对换位置，让成功转移总是在紧跟的指令被执行之后发生，从而使预取的指令不作废。

(3) 转移预测技术。该方法直接由硬件来实现。转移预测技术可分为静态转移预测和动态转移预测两种。静态转移预测技术有两种实现方法：一种是通过分析程序结构本身的特点来进行预测，另一种是按照分支的方向来预测分支是否转移成功。动态转移预测技术需在硬件上建立分支预测缓冲站及分支目标缓冲站，根据执行过程中转移的历史记录来动态地预测转移目标，其预测准确度可以提高到 90% 以上。这种方法已在现代微处理器的转移预测中得到广泛使用。

# 4.2　流水线微处理器设计

## 4.2.1　流水线微处理器的总体框架设计

流水线微处理器由控制器、运算器和通用寄存器组三大部分组成，为实现某些具体功能，设计时同时将主存储器也嵌入到了微处理器内部，如图 4-4 所示。控制器部分主要由程序计数器 PC、指令队列、操作控制器 CONTROLLER、数据相关和控制相关检查及解决电路 DEPENDENCE 等组成，其中操作控制器的设计采用硬连线控制器，主要优点是产生各种控制信号的速度仅受限于门电路的时间延迟，因此操作速度快。运算器主要由算术逻辑运算单元 ALU、累加器 AC、暂存寄存器 DR、程序状态字 PSW、数据选择器等组成。图 4-4 中只画出了数据通路，由 DEPENDENCE 和 CONTROLLER 发往各执行部件的控制信号均未标出。

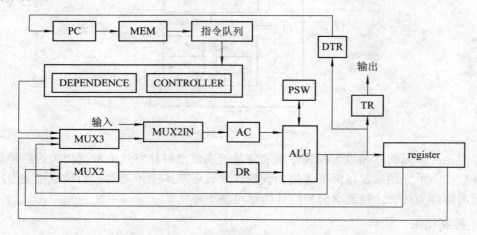

图 4-4　流水线微处理器的总体框架设计

## 4.2.2　流水线微处理器的设计流程

流水线微处理器的设计流程如图 4-5 所示。

流水线微处理器的总体框架设计主要包括微处理器的组成设计和各部件之间的数据通路设计，不包括具体的控制流设计。

机器指令格式和指令系统的设计主要包括指令类型和功能、指令格式、寻址方式的设计。

流水线结构设计主要包括指令流水解释的流水线结构、各流水段实现的功能。

流水线操作控制时序设计是指在流水线微处理器的总体框架设计上完成各流水段操作应遵循的统一的时间控制。

机器指令的 CPU 操作流程图是指指令系统中每条机器指令按流水线结构分段解释的过程图。

为实现指令的流水解释，操作控制器的设计采用硬连线控制器，它利用组合逻辑电路来形成取指令、指令译码和取操作数、执行并写回流水段所需的全部具有时间标志的操作控制信号。

相关性检查及解决电路设计主要完成资源相关、数据相关和控制相关的检查，设计相关专用通路，产生消除资源相关、数据相关和控制相关的具有时间标志的操作控制信号，形成数据写回的具有时间标志的操作控制信号等。

其它单元电路的详细设计是指在流水线处理器的总体框架设计中除操作控制器、相关性检查及解决电路以外的其它单元电路的详细设计，这些单元电路可采用 VHDL 进行描述，也可以直接用电路图的方式进行设计，并将每个部件在 MAX+plusⅡ的文本或原理图编辑状态下的电路图生成图元。

流水线微处理器的顶层电路图设计是对流水线微处理器的总体框架设计的细化，将各个生成的图元在原理图编辑状态下连接成顶层电路图，这里的连线不仅包括数据总线，而且包括由操作控制器和相关性检查及解决电路发出的所有操作控制信号线。

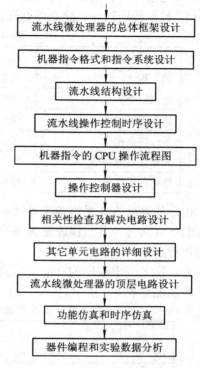

图 4-5　流水线微处理器的设计流程

功能仿真和时序仿真包括对流水线微处理器顶层电路的功能仿真、器件选择、引脚分配和时序仿真等。

若仿真结果正确，则进行器件编程和实验数据分析，即将设计的流水线微处理器烧录到一个具体的 FPGA 芯片中，通过运行已嵌入到微处理器中的主存储器中的程序来验证设计的正确性，以及分析流水线微处理器的性能。

# 4.3　流水线微处理器设计采用的关键技术

## 4.3.1　定长的指令格式

为了便于对指令的流水解释、简化硬件设计、提高微处理器的操作速度，指令集的设计采用了定长的指令格式，即所有指令的长度固定为 16 位，如表 4-1 所示。为保证 CPU 能实现一些具体的功能，指令集主要包括 5 种类型的指令。

(1) 输入/输出指令：完成数据的输入/输出操作。

(2) 算术/逻辑运算指令：完成对一个数或两个数的算术/逻辑运算。

(3) 条件转移指令：完成对转移条件的判断，若条件满足则跳转到目标地址运行，否则顺序执行下一地址的指令。

(4) 无条件转移指令：实现程序的无条件转移。

(5) 数据传送指令：将立即数送往某一通用寄存器。

**表 4-1 定长的指令格式**

| 指令类型 | 15～12 | 11 10 | 9 8 | 7～0 |
|---|---|---|---|---|
| 输入指令 | 操作码 | ×× | Rd | ×××××××× |
| 输出指令 | 操作码 | Rs1 | ×× | ×××××××× |
| 算术/逻辑运算指令 | 操作码 | Rs1 | Rd(Rs2) | ×××××××× |
| 条件转移指令 | 操作码 | ×× | ×× | 转移地址 |
| 无条件转移指令 | 操作码 | ×× | ×× | 转移地址 |
| 数据传送指令 | 操作码 | ×× | Rd | 立即数 |

指令的寻址方式采用顺序寻址和跳跃寻址两种，操作数的寻址方式采用了立即寻址和寄存器寻址两种，并且保证绝大多数指令的数据操作均在通用寄存器之间进行，以提高指令的执行速度。

为实现范例中程序的功能，本流水线微处理器指令系统中所有指令的助记符号、指令格式和功能如表 4-2 所示。

**表 4-2 8 条基本指令的助记符号、指令格式和功能**

| 助记符号 | 指令格式 | | | | 功 能 |
|---|---|---|---|---|---|
| IN1 Rd | 0001 | ×× | Rd | 00000000 | 将数据输入到 Rd 寄存器 |
| MOV Rd, data | 0010 | ×× | Rd | data | data→Rd |
| CMP Rs, Rd | 0011 | Rs | Rd | 00000000 | (Rs)-(Rd)，锁存 CF 和 ZF |
| JB addr | 0100 | ×× | ×× | addr | 若小于，则 addr→PC |
| ADD Rs, Rd | 0101 | Rs | Rd | 00000000 | (Rs)+(Rd)→Rd |
| INC Rd | 0110 | ×× | Rd | 00000000 | (Rd)+1→Rd |
| JMP addr | 0111 | ×× | ×× | addr | addr→PC |
| OUT1 Rs | 1000 | Rs | ×× | 00000000 | (Rs)→LED |

## 4.3.2 流水线结构和操作控制时序

流水线微处理器的设计采用了三级流水线结构，如图 4-6 所示。

图 4-6 流水线结构

各流水级的主要功能为：

**IF**：取指阶段。根据程序计数器 PC 的值访存取指，并将取出的指令代码送往指令队列中的指令寄存器 IR1，同时 PC 加 1。

**ID&FD**：指令译码和取操作数阶段。对指令操作码进行译码，根据指令功能将输入设备、指令寄存器中的立即数或通用寄存器中的操作数送往累加器 AC 或暂存寄存器 DR，同时将指令队列中指令寄存器 IR1 中的指令代码送入指令寄存器 IR2。

EXE&WB：执行并写回阶段。进行算术或逻辑运算，并将结果写回到通用寄存器register、数据暂存器 DTR、输出暂存器 TR、程序状态字 PSW 或通过相关专用通路送往累加器 AC 或暂存寄存器 DR。

对流水线的控制采用了如图 4-7 所示的时序，其中将访存取出的指令送入指令寄存器 IR1 和将指令寄存器 IR1 中的指令代码送入指令寄存器 IR2 的操作发生在时钟的下降沿，取操作数并送入 AC 或 DR 发生在时钟的上升沿，写回操作也发生在时钟的上升沿。若相邻的两条指令之间发生数据相关，则当前一条指令将 ALU 的运算结果在时钟的上升沿写回到通用寄存器组 register 时，可直接通过相关专用通路和多路选择器同时送往累加器 AC 或暂存寄存器 DR，并且流水线不会断流，即流水线的吞吐率和效率均不会下降。

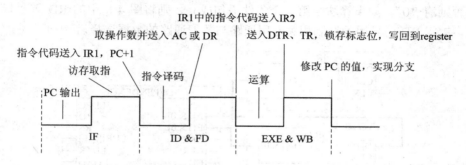

图 4-7　流水线的控制时序

## 4.3.3　以运算器作为 CPU 内部数据流动的中心

为了便于指令的流水解释，所有指令的解释都要经过取指令、指令译码并取操作数送入 AC 或 DR、通过 ALU 执行指令功能并写回到通用寄存器组 register、数据暂存器 DTR 或输出数据暂存器 TR 这样三个阶段，也就是说，无论是算术/逻辑运算指令，还是其它指令都要经过运算器，因此在数据通路、指令解释的 CPU 操作流程图、操作控制信号设计时均以运算器作为 CPU 内部数据流动的中心。

## 4.3.4　数据相关及解决方法

数据相关是由于邻近的指令之间使用了相同的操作数地址而发生的关联。在流水线的顺序流动中，只可能出现先写后读数据相关。数据相关的检查及消除部件 DEPENDENCE 与指令队列的连接如图 4-8 所示。指令寄存器 IR1 中存放处于流水线 ID&FD 段的指令，记为指令 A；指令寄存器 IR2 中存放处于流水线 EXE&WB 段的指令，记为指令 B，即指令 B 为指令 A 的前一条指令。将这两条指令的指令代码送往部件 DEPENDENCE 进行数据相关性检查，数据相关的检查算法如算法 4-1 所示。

【算法 4-1】 IF　指令 A 使用源寄存器 1 并且指令 B 使用目的寄存器 THEN

　　　　　　 IF　指令 A 的 Rs1=指令 B 的 Rd THEN

　　　　　　　　　 数据相关；

　　　　　　　　　 ELSE　数据不相关；

　　　　　　　　　 END IF；

　　　　　　　　END IF；
　　　　　　IF 指令 A 使用源寄存器 2 并且指令 B 使用目的寄存器 THEN
　　　　　　　　IF 指令 A 的 Rs2=指令 B 的 Rd THEN
　　　　　　　　　数据相关；
　　　　　　　　ELSE 数据不相关；
　　　　　　　　END IF；
　　　　　　END IF；

其中，指令 A 的 Rs1 为指令 A 的源寄存器 1，指令 A 的 Rs2 为指令 A 的源寄存器 2，指令 B 的 Rd 为指令 B 的目的寄存器。如果算法中第一个条件语句成立，则将图 4-8 中的 RS 置 "1"，否则清 "0"。如果算法中第二个条件语句成立，则将图 4-8 中的 RD 置 "1"，否则清 "0"。RS、RD 信号用于控制相关专用通路与数据通路的数据选择。

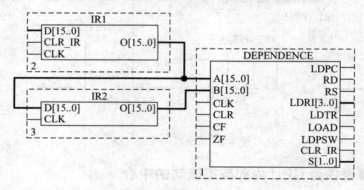

图 4-8　DEPENDENCE 与指令队列的连接

　　数据相关的解决方法采用了相关专用通路，如图 4-4 的下半部分所示。算术逻辑运算单元 ALU 的运算结果在 CPU 时钟的上升沿写回到通用寄存器组 register 中，累加器 AC 和暂存寄存器 DR 受操作控制器发出的控制信号 LDAC 和 LDDR 控制，上升沿有效。在发生数据相关时，可利用相关专用通路将 ALU 运算的结果定向传送至 AC 或 DR，从而保证在下一条指令进入流水线的 EXE&WB 段需要用此操作数时，它已在 AC 或 DR 中准备好了。这样既保证了指令流水解释时数据不会出错，也保证了数据相关时流水线的效率和吞吐率不会下降。

## 4.3.5　控制相关及解决方法

　　控制相关是指由转移指令引起的相关，这里的转移指令在流水线微处理器的指令系统设计时主要包括条件转移指令和无条件转移指令。控制相关的检查及消除部件 DEPENDENCE 如图 4-8 所示。它通过直接判断 IR2 中的指令代码是否为无条件转移指令或条件转移指令且 CF、ZF 条件标志满足转移的条件，来让在转移指令之后已进入流水线的其它指令立即作废。控制相关的检查算法和解决方法如算法 4-2 所示。
　　【算法 4-2】 IF 处于流水线 EXE&WB 段的指令为无条件转移指令或为条件转移指令且条件满足 THEN
　　　　　　　　让已进入流水线的其它指令立即作废；

　　　　　　　　**IF CPU** 时钟的下降沿到来　**THEN**

　　　　　　将转移地址打入程序计数器 **PC**，实现分支；

　　　　**END IF**；

　　让已进入流水线的其它指令立即作废的具体方法为：判断到有控制相关时，发送 **CLR_IR** 有效信号至主存储器和除保存正在执行指令的指令寄存器之外的其它指令寄存器，清除当前存储器的输出，同时，让除保存正在执行指令的指令寄存器之外的其它指令寄存器的内容为全 "0"，这也是指令系统设计时为什么没有使用全 "0" 作为操作码的原因。

　　采用让已进入流水线的其它指令立即作废的方法来解决控制相关，虽然会降低流水线的效率，但硬件实现却非常简单，有利于基于 **FPGA** 的芯片设计。

## 4.3.6　等长的指令解释时间

　　根据图 4-4，以及所有指令在微处理器中的操作过程，画出机器指令的 **CPU** 操作流程图，如图 4-9 所示。在 **CPU** 操作流程图中，每个方框占用一个时钟周期(JB 指令解释的最后两个方框和一个菱形框在一个时钟周期内完成)，任何一条指令的解释均占用三个时钟周期，分别由流水线的三个流水子部件来完成。

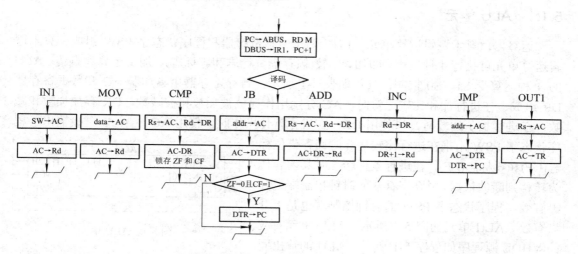

图 4-9　机器指令的 CPU 操作流程图

# 第 5 章　流水线微处理器单元电路设计

　　流水线微处理器单元电路的设计主要包括运算器和程序状态字单元、通用寄存器组单元、程序计数器单元、主存储器单元、指令寄存器单元、相关性检查及解决电路单元、操作控制器单元、顶层电路单元、数据暂存器单元、输出数据暂存器单元、数据选择器单元、输入/输出设备等。

## 5.1　运算器和程序状态字单元

### 5.1.1　ALU 单元

　　运算器由算术逻辑运算单元 ALU、两个暂存寄存器和程序状态字 PSW 组成。算术逻辑运算单元可执行 4 种运算，即加、比较(锁存借位标志和零标志)、加 1 运算和直传。ALU 的 4 种运算受 S1、S0 控制，具体如表 5-1 所示。暂存寄存器由累加器 AC 和数据寄存器 DR 组成，在进行加和比较运算时，AC 分别用作存放被加数和被减数，DR 存放加数和减数；在进行加 1 运算时，只使用 DR；在进行直传操作时，使用 AC 经 ALU 直接输出。程序状态字 PSW 用来在进行比较运算时锁存借位标志(CF)和零标志(ZF)，在进行条件转移时其内容作为转移判断的依据。暂存寄存器的时钟控制端上升沿有效，程序状态字 PSW 的时钟控制端也是上升沿有效。ALU 单元如图 5-1 所示，ALU 单元对应的 VHDL 源程序如程序 5-1 所示。ALU 的输出同

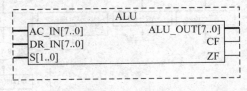

图 5-1　ALU 单元

时与通用寄存器组 register、数据暂存器 DTR、输出数据暂存器 TR 和相关专用通路相连，在发生数据相关时，还会根据相关性检查及解决电路单元产生的控制信号 RS 和 RD，决定 ALU 的运算结果通过相关专用通路是送往累加器 AC，还是暂存器 DR。

表 5-1　算术逻辑运算单元 ALU 的功能表

| S1 | S0 | 功　　能 | 对应的指令操作码 |
| --- | --- | --- | --- |
| 0 | 0 | 直传(AC) | IN1、MOV、JB、JMP、OUT1 |
| 0 | 1 | (AC)-(DR)，修改 CF 和 ZF | CMP |
| 1 | 0 | (AC)+(DR)，修改 CF 和 ZF | ADD |
| 1 | 1 | (DR)+ 1，修改 CF 和 ZF | INC |

【程序 5-1】

```vhdl
LIBRARY IEEE;
USE IEEE.STD_LOGIC_1164.ALL;
USE IEEE.STD_LOGIC_ARITH.ALL;
USE IEEE.STD_LOGIC_UNSIGNED.ALL;
ENTITY ALU IS
PORT(
    AC_IN,DR_IN: IN STD_LOGIC_VECTOR(7 DOWNTO 0);
    S: IN STD_LOGIC_VECTOR(1 DOWNTO 0);
    ALU_OUT: OUT STD_LOGIC_VECTOR(7 DOWNTO 0) ;
    CF,ZF: OUT STD_LOGIC
    );
END ALU;
ARCHITECTURE A OF ALU IS
SIGNAL AA,BB,TEMP:STD_LOGIC_VECTOR(8 DOWNTO 0);
BEGIN
    PROCESS(S)
    BEGIN
        IF(S="00") THEN              --IN1,MOV,JB,JMP,OUT1
            ALU_OUT<=AC_IN;
        ELSIF(S="01") THEN        --CMP
            ALU_OUT<=AC_IN-DR_IN;
            IF(AC_IN<DR_IN) THEN
            CF<='1';
            ZF<='0';
        ELSIF(AC_IN=DR_IN) THEN
            CF<='0';
            ZF<='1';
        ELSE
            CF<='0';
            ZF<='0';
        END IF;
        ELSIF(S="10") THEN            --ADD
            AA<='0'&AC_IN;
            BB<='0'&DR_IN;
            TEMP<=AA+BB;
            ALU_OUT<=TEMP(7 DOWNTO 0);
            CF<=TEMP(8);
            IF (TEMP="100000000") OR(TEMP="000000000")THEN
```

```
                ZF<='1';
            ELSE
                ZF<='0';
            END IF;
        ELSIF(S="11") THEN          --INC
            BB<='0'&DR_IN;
            TEMP<=BB+1;
            ALU_OUT<=TEMP(7 DOWNTO 0);
            CF<=TEMP(8);
            IF (TEMP="100000000") THEN
                ZF<='1';
            ELSE
                ZF<='0';
            END IF;
        END IF;
    END PROCESS;
END A;
```

### 5.1.2  程序状态字单元

程序状态字单元如图 5-2 所示，图中 LDPSW 上升沿有效。
程序状态字单元对应的 VHDL 源程序如程序 5-2 所示。

【程序 5-2】

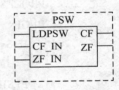

图 5-2  程序状态字单元

```
    LIBRARY IEEE;
    USE IEEE.STD_LOGIC_1164.ALL;
    ENTITY PSW IS
    PORT(
        LDPSW: IN STD_LOGIC;
        CF_IN,ZF_IN: IN STD_LOGIC;
        CF,ZF: OUT STD_LOGIC
        );
    END PSW;
    ARCHITECTURE A OF PSW IS
    BEGIN
        PROCESS(LDPSW)
        BEGIN
            IF(LDPSW'EVENT AND LDPSW='1') THEN
                CF<=CF_IN;
                ZF<=ZF_IN;
            END IF;
```

　　　　END PROCESS;

　　END A;

### 5.1.3　累加器和暂存寄存器单元

　　累加器单元如图 5-3 所示，图中 CLK 上升沿有效，对应的 VHDL 源程序如程序 5-3 所示。暂存器单元如图 5-4 所示，图中 CLK 上升沿有效，对应的 VHDL 源程序如程序 5-4 所示。

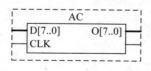

图 5-3　累加器单元

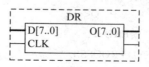

图 5-4　暂存器单元

【程序 5-3】

```
LIBRARY IEEE;
USE IEEE.STD_LOGIC_1164.ALL;
ENTITY AC IS
PORT(
    D: IN STD_LOGIC_VECTOR(7 DOWNTO 0);
    CLK: IN STD_LOGIC;
    O: OUT STD_LOGIC_VECTOR(7 DOWNTO 0)
    );
END AC;
ARCHITECTURE A OF AC IS
BEGIN
    PROCESS(CLK)
    BEGIN
        IF(CLK'EVENT AND CLK='1') THEN
            O<=D;
        END IF;
    END PROCESS;
END A;
```

【程序 5-4】

```
LIBRARY IEEE;
USE IEEE.STD_LOGIC_1164.ALL;
ENTITY DR IS
PORT(
    D: IN STD_LOGIC_VECTOR(7 DOWNTO 0);
    CLK: IN STD_LOGIC;
    O: OUT STD_LOGIC_VECTOR(7 DOWNTO 0)
    );
```

```
END DR;
ARCHITECTURE A OF DR IS
BEGIN
    PROCESS(CLK)
    BEGIN
        IF(CLK'EVENT AND CLK='1') THEN
            O<=D;
        END IF;
    END PROCESS;
END A;
```

# 5.2　通用寄存器组单元

通用寄存器为微处理器内的数据存放部件,指令执行的操作数一般来自于通用寄存器,执行的结果大部分也写回到通用寄存器。通用寄存器组单元 register 的内部结构如图 5-5 所示,它由数据转换器 F1、通用寄存器组和 4 选 1 数据选择器组成,共设置了两个读端口和一个写端口,两个读端口分别与运算器的两个暂存器 AC 和 DR 相连,目的是为了采用相关专用通路解决数据相关的问题。通用寄存器组中 4 个通用寄存器(R0、R1、R2、R3)的时钟控制输入端分别为 LDR0、LDR1、LDR2、LDR3,上升沿有效,4 个通用寄存器的数据输入端相同,数据的输出受 TO_ACSEL[3..0]和 TO_DRSEL[3..0]两个控制信号控制,这两个控制信号分别控制通用寄存器的数据经不同的 4 选 1 数据选择器送往累加器 AC 和暂存器 DR,功能如表 5-2 所示。

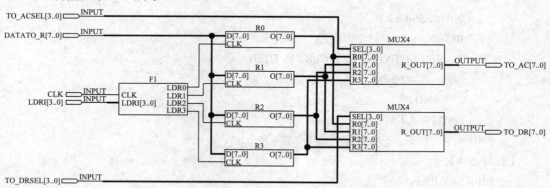

图 5-5　通用寄存器组单元 register 的内部结构

表 5-2　控制信号 TO_ACSEL[3..0]和 TO_DRSEL[3..0]的功能表

| TO_ACSEL[3..0] | 功　能 | TO_DRSEL[3..0] | 功　能 |
|---|---|---|---|
| 0001 | R0 送往 AC | 0001 | R0 送往 DR |
| 0010 | R1 送往 AC | 0010 | R1 送往 DR |
| 0100 | R2 送往 AC | 0100 | R2 送往 DR |
| 1000 | R3 送往 AC | 1000 | R3 送往 DR |

### 1. 数据转换器

在图 5-5 中数据转换器 F1 完成总线数据到单线数据的转换，同时让通用寄存器 R0、R1、R2、R3 的时钟控制信号 LDR0、LDR1、LDR2、LDR3 带上时序，对应的 VHDL 源程序如程序 5-5 所示。

【程序 5-5】

```
LIBRARY IEEE;
USE IEEE.STD_LOGIC_1164.ALL;
ENTITY F1 IS
PORT(
    CLK:IN STD_LOGIC;
    LDRI:IN STD_LOGIC_VECTOR(3 DOWNTO 0);
    LDR0,LDR1,LDR2,LDR3:OUT STD_LOGIC
);
END F1;
ARCHITECTURE A OF F1 IS
BEGIN
    LDR0<=CLK AND LDRI(0);
    LDR1<=CLK AND LDRI(1);
    LDR2<=CLK AND LDRI(2);
    LDR3<=CLK AND LDRI(3);
END A;
```

### 2. 通用寄存器

在图 5-5 中设计了 4 个通用寄存器(R0、R1、R2、R3)。通用寄存器 R0 对应的 VHDL 源程序如程序 5-6 所示。通用寄存器 R1、R2、R3 对应的 VHDL 源程序与程序 5-6 的区别仅在于实体名不同，即将源程序 5-6 中的 R0 分别换为 R1、R2 和 R3 即可。

【程序 5-6】

```
LIBRARY IEEE;
USE IEEE.STD_LOGIC_1164.ALL;
ENTITY R0 IS
PORT(
    D: IN STD_LOGIC_VECTOR(7 DOWNTO 0);
    CLK: IN STD_LOGIC;
    O: OUT STD_LOGIC_VECTOR(7 DOWNTO 0)
    );
END R0;
ARCHITECTURE A OF R0 IS
BEGIN
    PROCESS(CLK)
```

```
        BEGIN
            IF(CLK'EVENT AND CLK='1') THEN
                O<=D;
            END IF;
        END PROCESS;
    END A;
```

### 3. 4 选 1 数据选择器

在图 5-5 中使用了两个相同的 4 选 1 数据选择器 MUX4，它们在数据输入控制信号 SEL[3..0]的控制下，用来从四个通用寄存器的数据输出端选择一个 8 位的数据经数据选择器 MUX3 或 MUX2(详见 5.11 节)分别送往 AC 或 DR。4 选 1 数据选择器的功能如表 5-3 所示，对应的 VHDL 源程序如程序 5-7 所示。

表 5-3　4 选 1 数据选择器 MUX4 的功能表

| 输入控制信号 SEL[3..0] | 输出数据 R_OUT[7..0] |
| --- | --- |
| 0001 | R0[7..0] |
| 0010 | R1[7..0] |
| 0100 | R2[7..0] |
| 1000 | R3[7..0] |

【程序 5-7】

```
    LIBRARY IEEE;
    USE IEEE.STD_LOGIC_1164.ALL;
    ENTITY MUX4 IS
    PORT(
            SEL: IN STD_LOGIC_VECTOR(3 DOWNTO 0);
            R0,R1,R2,R3: IN STD_LOGIC_VECTOR(7 DOWNTO 0);
            R_OUT: OUT STD_LOGIC_VECTOR(7 DOWNTO 0)
    );
    END MUX4;
    ARCHITECTURE A OF MUX4 IS
    BEGIN
        PROCESS
        BEGIN
            CASE SEL IS
                WHEN "0001"=>R_OUT<=R0;
                WHEN "0010"=>R_OUT<=R1;
                WHEN "0100"=>R_OUT<=R2;
                WHEN "1000"=>R_OUT<=R3;
                WHEN OTHERS=>R_OUT<="00000000";
            END CASE;
```

```
END PROCESS;
END A;
```

## 5.3　程序计数器单元

程序计数器单元如图 5-6 所示，它在控制信号的控制下具有清 "0"、置计数初值和加 1 功能，其作用是保证程序的顺序执行，在执行跳转指令时，通过修改 PC 的值以达到程序转移分支的目的。程序计数器 PC 的输出直接送往主存储器(范例中只使用了 ROM)。程序计数器 PC 的功能如表 5-4 所示，PC 对应的 VHDL 源程序如程序 5-8 所示。

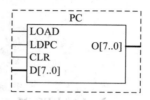

图 5-6　程序计数器单元

表 5-4　程序计数器 PC 的功能表

| CLR | LOAD | LDPC | 功　　能 |
| --- | --- | --- | --- |
| 0 | × | × | 将 PC 清 "0" |
| 1 | 0 | ↓ | BUS→PC |
| 1 | 1 | 0 | 不装入，也不计数 |
| 1 | 1 | ↓ | PC+1 |

【程序 5-8】

```
LIBRARY IEEE;
USE IEEE.STD_LOGIC_1164.ALL;
USE IEEE.STD_LOGIC_ARITH.ALL;
USE IEEE.STD_LOGIC_UNSIGNED.ALL;
ENTITY PC IS
PORT(
        LOAD,LDPC,CLR: IN STD_LOGIC;
        D: IN STD_LOGIC_VECTOR(7 DOWNTO 0);
        O: OUT STD_LOGIC_VECTOR(7 DOWNTO 0)
    );
END PC;
ARCHITECTURE A OF PC IS
SIGNAL QOUT: STD_LOGIC_VECTOR(7 DOWNTO 0);
BEGIN
```

```
PROCESS(LOAD,LDPC,CLR)
BEGIN
    IF(CLR='0') THEN
        QOUT<="00000000";
    ELSIF(LDPC'EVENT AND LDPC='0') THEN
        IF(LOAD='0') THEN
            QOUT<=D;           --BUS->PC
        ELSE
            QOUT<=QOUT+1; --PC+1
        END IF;
    END IF;
    END PROCESS;
    O<=QOUT;
END A;
```

# 5.4　主存储器单元

主存储器单元用来存放 CPU 要运行的程序和数据,是计算机系统中必不可少的重要组成部分。若设计的计算机系统只运行完成一定功能的程序而无需进行数据处理,则只需配置只读存储器(ROM)芯片,若需使用存储器单元进行大量的数据处理,则除配置只读存储器(ROM)芯片外,还需配置读/写存储器(RAM)芯片。一个计算机系统中的 ROM 芯片和 RAM 芯片一般分开设计。

在范例中设计的流水线微处理器系统仅采用了 ROM 芯片作为主存储器单元,它由一片 256×16 位的 ROM 组成,如图 5-7 所示。ADDR[7..0]为 8 位的地址输入端,CLR_IR 为清除信号,CS_I 为片选信号,I_OUT 为 16 位的数据输出端。

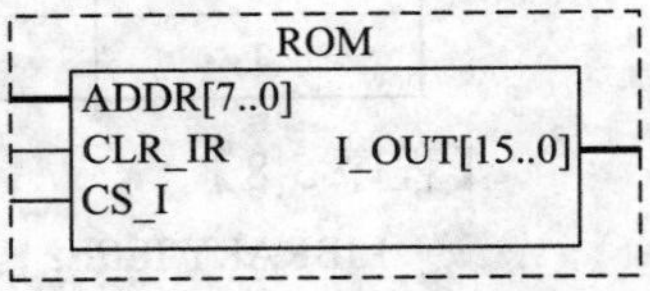

图 5-7　ROM 芯片

在流水线微处理器中 ROM 芯片的读操作与清除信号 CLR_IR 和片选信号 CS_I 有关,CLR_IR 为低电平有效,CS_I 为上升沿有效。ROM 的功能如表 5-5 所示。采用 CLR_IR 控制信号的目的在于当发生控制相关时,除清除指令队列的内容外,还需通过 CLR_IR 清除 ROM 当前的输出(即清除已访存取出并准备进入指令队列中的指令代码),清除的结果是 ROM 的输出为全"0",因为全"0"表示的是无效指令的指令代码,所以在指令系统设计时,没有使用全"0"作为指令的操作码。

表 5-5　主存储器 ROM 的功能表

| CLR_IR | CS_I | 功　能 |
|---|---|---|
| 0 | × | 输出为全"0" |
| 1 | ↑ | 读地址 ADDR[7..0]中的内容 |
| 1 | 其它 | 不选择 |

在图 5-7 中,主存储器单元的地址输入端直接与程序计数器的输出相连,读出的指令

代码直接送往指令队列中的指令寄存器 IR1。主存储器单元对应的 VHDL 源程序如程序 5-9
所示。

【程序 5-9】

```vhdl
LIBRARY IEEE;
USE IEEE.STD_LOGIC_1164.ALL;
USE IEEE.STD_LOGIC_ARITH.ALL;
USE IEEE.STD_LOGIC_UNSIGNED.ALL;
ENTITY ROM IS
PORT(
        ADDR:IN STD_LOGIC_VECTOR(7 DOWNTO 0);
        CLR_IR,CS_I:IN STD_LOGIC;
        I_OUT:OUT STD_LOGIC_VECTOR(15 DOWNTO 0)
);
END ROM;
ARCHITECTURE A OF ROM IS
BEGIN
    PROCESS(CLR_IR,CS_I)
    BEGIN
        IF(CLR_IR='0') THEN       --若 CLR_IR 有效，则输出为全"0"
                I_OUT<="0000000000000000";
    --否则，当 CS_I 出现上升沿时输出指令代码
        ELSIF(CS_I'EVENT AND CS_I='1') THEN
            CASE ADDR IS
                WHEN "00000000"=>I_OUT<="0001000000000000";--    IN1 R0
                WHEN "00000001"=>I_OUT<="0010000100000001";--    MOV R1,1
                WHEN "00000010"=>I_OUT<="0010001000000000";--    MOV R2,0
                WHEN "00000011"=>I_OUT<="0011000100000000";--L1: CMP R0,R1
                WHEN "00000100"=>I_OUT<="0100000000001001";--    JB L2
                WHEN "00000101"=>I_OUT<="0101011000000000";--    ADD R1,R2
                WHEN "00000110"=>I_OUT<="0110000100000000";--    INC R1
                WHEN "00000111"=>I_OUT<="0110000100000000";--    INC R1
                WHEN "00001000"=>I_OUT<="0111000000000011";--    JMP L1
                WHEN "00001001"=>I_OUT<="1000100000000000";--L2: OUT1 R2
                WHEN "00001010"=>I_OUT<="0111000000001001";--    JMP L2
                WHEN OTHERS =>NULL;
            END CASE;
        END IF;
    END PROCESS;
END A;
```

# 5.5  指令寄存器单元

为了实现指令的流水解释，除了保存正在执行指令功能并写回操作结果的指令代码外，还需保存下一条已进入流水线且正在进行指令译码和取操作数的指令代码，因此这里设计的指令寄存器单元实际上是由两个指令寄存器 IR1 和 IR2 构成的指令队列，IR1 和 IR2 的连接方法如图 5-8 所示。IR1 用来存放指令流水线中正在进行指令译码和取操作数的指令代码，IR2 用来存放正在执行指令功能并写回操作数的指令代码。当时钟的下降沿到来时，从主存储器单元读出的指令代码被送入 IR1 中，在指令译码和取操作数过程中其内容保持不变，当紧接着的下一个时钟周期的下降沿到来时，从主存储器单元读出的下一条指令的指令代码被送入 IR1 中，而此时 IR1 的内容被送入指令队列中的指令寄存器 IR2，然后根据 IR2 的内容来产生写回操作以及解决数据相关和控制相关所需的控制信号。也就是说，IR1 的内容一方面直接送往操作控制器产生指令译码、取操作数和运算所需的控制信号，另一方面送往相关性检查及解决电路单元产生解决数据相关和控制相关所需的控制信号。由于发生控制相关时，需清除除处于流水线最后一个阶段外的其它所有指令的指令代码，因此指令寄存器 IR1 与 IR2 的设计方法有所不同，下面将分别对其进行介绍。

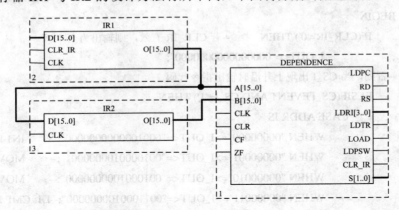

图 5-8  IR1 和 IR2 的连接方法

### 1. 指令寄存器 IR1

指令寄存器 IR1 是一个 16 位的寄存器，如图 5-9 所示。D[15..0]为 16 位的数据输入端，CLR_IR 为清除信号，CLK 为时钟信号，O[15..0]为 16 位的数据输出端。CLR_IR 为低电平有效，CLK 为下降沿有效，指令寄存器 IR1 的功能如表 5-6 所示。采用 CLR_IR 控制信号的目的在于当发生控制相关时，需清除已进入指令流水线处于取指令、指令译码和取操作数这两个阶段的指令，即一方面要通过 CLR_IR 清除

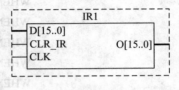

图 5-9  指令寄存器 IR1

ROM 当前的输出，另一方面还需清除指令寄存器 IR1 的内容。IR1 对应的 VHDL 源程序如程序 5-10 所示。

表 5-6　指令寄存器 IR1 的功能表

| CLR_IR | CLK | 功　能 |
|---|---|---|
| 0 | × | 将 IR1 的内容清 "0" |
| 1 | ↓ | 锁存指令代码 |
| 1 | 其它 | 不选择 |

【程序 5-10】

```
LIBRARY IEEE;
USE IEEE.STD_LOGIC_1164.ALL;
ENTITY IR1 IS
PORT(
    D: IN STD_LOGIC_VECTOR(15 DOWNTO 0);
    CLR_IR,CLK: IN STD_LOGIC;
    O: OUT STD_LOGIC_VECTOR(15 DOWNTO 0)
    );
END IR1;
ARCHITECTURE A OF IR1 IS
BEGIN
    PROCESS(CLR_IR,CLK)
    BEGIN
        IF(CLR_IR='0') THEN     --若 CLR_IR 有效，则将 IR1 清为全 "0"
            O<="0000000000000000";
        --否则，当 CLK 出现下降沿时锁存指令代码
        ELSIF(CLK'EVENT AND CLK='0') THEN
            O<=D;
        END IF;
    END PROCESS;
END A;
```

## 2. 指令寄存器 IR2

指令寄存器 IR2 是一个 16 位的通用寄存器，如图 5-10 所示。D[15..0]为 16 位的数据输入端，CLK 为时钟信号，O[15..0]为 16 位的数据输出端。CLK 为下降沿有效。指令寄存器 IR2 用来保存处于流水线最后一个阶段的指令代码，DEPENDENCE 根据 IR2 的内容(是否为条件转移指令或无条件转移指令)和转移条件(若为条件转移指令)来判断是否发生了控制相关。若发生，则由相关性检查及解决电路产生 CLR_IR 控制信号，清除已进入流水线的另外两条指令的指令代码，让其解释终止，但指令寄存器 IR2 的内容不变，因此指令寄存器 IR2 的设计与指令寄存器 IR1 的设计的不同之处在于，IR2 没有清除控制信号 CLR_IR。IR2 对应的 VHDL 源程序如程序 5-11 所示。

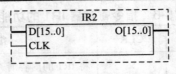

图 5-10　指令寄存器 IR2

【程序 5-11】

```
LIBRARY IEEE;
USE IEEE.STD_LOGIC_1164.ALL;
ENTITY IR2 IS
PORT(
        D: IN STD_LOGIC_VECTOR(15 DOWNTO 0);
        CLK: IN STD_LOGIC;
        O: OUT STD_LOGIC_VECTOR(15 DOWNTO 0)
        );
END IR2;
ARCHITECTURE A OF IR2 IS
BEGIN
        PROCESS(CLK)
        BEGIN
            IF(CLK'EVENT AND CLK='0') THEN
                    O<=D;
            END IF;
        END PROCESS;
END A;
```

# 5.6　相关性检查及解决电路单元

　　相关性检查及解决电路单元 DEPENDENCE 如图 5-11
所示。A[15..0]为指令寄存器 IR1 的内容(指令寄存器 IR1
中存放处于流水线指令译码并取操作数段的指令代码)。
B[15..0]为指令寄存器 IR2 的内容(指令寄存器 IR2 中存放
处于流水线执行指令并写回段的指令代码)，即 B[15..0]为
A[15..0]的前一条指令的指令代码。CLK 为外部时钟输入
信号，CLR 为外部清零输入信号，CF 和 ZF 分别为程序状
态字 PSW 反馈的借位标志和零标志信号。DEPENDENCE
单元根据 5.3.4 节和 5.3.5 节介绍的数据相关和控制相关的
检查算法，以及解决数据相关和控制相关的方法，产生相
应的控制信号。

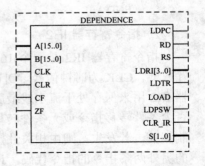

图 5-11　相关性检查及解决电路单元

　　DEPENDENCE 单元的功能如表 5-7 和表 5-8 所示。表 5-7 说明了数据相关的检查和解

决方法，表 5-8 说明了控制相关的检查及解决方法。在表 5-7 中，RS 为"1"表示指令 A 的源 1 寄存器与指令 B 的目的寄存器相同，存在关于指令 A 源 1 寄存器的先写后读数据相关；RD 为"1"表示指令 A 的源 2 寄存器与指令 B 的目的寄存器相同，存在关于指令 A 源 2 寄存器的先写后读数据相关。RS 和 RD 作为数据相关专用通路的控制信号被分别送往顶层电路图(图 5-14)左下角的数据选择器 MUX3 和 MUX2。在表 5-8 中，CLR_I 为"0"表示指令 B 为条件转移指令且转移条件满足或指令 B 为无条件转移指令，即发生了控制相关，此时 CLR_I 信号将被送往主存储器和指令寄存器 IR1，用来清除已进入流水线的其它指令的指令代码。处于流水线的执行并写回段的指令 B 还将产生控制写回操作的其它控制信号 LDPC、LDRI[3..0]、LDTR、LOAD、LDPSW、S[1..0]。LDPC 和 LOAD 用来控制 PC 实现加 1 操作或分支操作，LDRI[3..0]用来控制将 ALU 的运算结果写回到通用寄存器 R0、R1、R2 和 R3 中的某一个(功能如表 5-9 所示)，LDTR 用来控制将输出结果送入数据输出暂存寄存器，LDPSW 用来控制将 ALU 运算的结果状态锁存到程序状态字 PSW。实现 DEPENDENCE 单元功能的 VHDL 源程序如程序 5-12 所示。

**表 5-7　DEPENDENCE 单元的功能表(一)**

| 前提条件 | 判断条件 | 功　能 |
|---|---|---|
| 如果指令 A 使用源寄存器 1 并且指令 B 使用目的寄存器 | 指令 A 的源 1 寄存器与指令 B 的目的寄存器相同 | 将 RS 置"1" |
| | 否则 | 将 RS 清"0" |
| 如果指令 A 使用源寄存器 2 并且指令 B 使用目的寄存器 | 指令 A 的源 2 寄存器与指令 B 的目的寄存器相同 | 将 RD 置"1" |
| | 否则 | 将 RD 清"0" |

**表 5-8　DEPENDENCE 单元的功能表(二)**

| 前提条件 | 判断条件 | 功　能 |
|---|---|---|
| 指令 B 为条件转移指令(即 JB 指令) | 若小于，即 CF=1 且 ZF=0 | 将 CLR_I 清"0" |
| | 否则 | 将 CLR_I 置"1" |
| 指令 B 为无条件转移指令(即 JMP 指令) | 无其它判断条件 | 将 CLR_I 清"0" |
| 其它指令 | 无其它判断条件 | 将 CLR_I 置"1" |

【程序 5-12】

```
LIBRARY IEEE;
USE IEEE.STD_LOGIC_1164.ALL;
USE IEEE.STD_LOGIC_ARITH.ALL;
USE IEEE.STD_LOGIC_UNSIGNED.ALL;
ENTITY DEPENDENCE IS
PORT(
    A,B:IN STD_LOGIC_VECTOR(15 DOWNTO 0);
    CLK,CLR,CF,ZF:IN STD_LOGIC;
```

```
        LDPC:OUT STD_LOGIC;
        RD,RS:OUT STD_LOGIC;
        LDRI:OUT STD_LOGIC_VECTOR(3 DOWNTO 0);
        LDTR,LOAD,LDPSW,CLR_IR:OUT STD_LOGIC;
        S:OUT STD_LOGIC_VECTOR(1 DOWNTO 0)
);
END DEPENDENCE;
ARCHITECTURE A OF DEPENDENCE IS
SIGNAL YIMAA,YIMAB:STD_LOGIC_VECTOR(7 DOWNTO 0);
SIGNAL RDA,RSA,RDB:STD_LOGIC_VECTOR(1 DOWNTO 0);
SIGNAL LDR0,LDR1,LDR2,LDR3:STD_LOGIC;
BEGIN
    P1:PROCESS
    BEGIN
        CASE A(15 DOWNTO 12) IS        --指令 A 译码
            WHEN "0001"=>YIMAA<="00000001";   --IN1
            WHEN "0010"=>YIMAA<="00000010";   --MOV
            WHEN "0011"=>YIMAA<="00000100";   --CMP
            WHEN "0100"=>YIMAA<="00001000";   --JB
            WHEN "0101"=>YIMAA<="00010000";   --ADD
            WHEN "0110"=>YIMAA<="00100000";   --INC
            WHEN "0111"=>YIMAA<="01000000";   --JMP
            WHEN "1000"=>YIMAA<="10000000";   --OUT1
            WHEN OTHERS=>YIMAA<="00000000";
        END CASE;
        CASE B(15 DOWNTO 12) IS        --指令 B 译码
            WHEN "0001"=>YIMAB<="00000001";   --IN1
            WHEN "0010"=>YIMAB<="00000010";   --MOV
            WHEN "0011"=>YIMAB<="00000100";   --CMP
            WHEN "0100"=>YIMAB<="00001000";   --JB
            WHEN "0101"=>YIMAB<="00010000";   --ADD
            WHEN "0110"=>YIMAB<="00100000";   --INC
            WHEN "0111"=>YIMAB<="01000000";   --JMP
            WHEN "1000"=>YIMAB<="10000000";   --OUT1
            WHEN OTHERS=>YIMAB<="00000000";
        END CASE;
        RDA<=A(9)&A(8);        --指令 A 的源 2 寄存器(目的寄存器)编码
        RSA<=A(11)&A(10);      --指令 A 的源 1 寄存器编码
        RDB<=B(9)&B(8);        --指令 B 的目的寄存器(源 2 寄存器)编码
```

```
END PROCESS P1;
P2:PROCESS
BEGIN
    IF(CLR='0') THEN
        LDPC<='0';
    ELSE
        LDPC<=CLK;          --LDPC 为程序计数器 PC 的时钟控制信号
    END IF;
END PROCESS P2;
P3:PROCESS
BEGIN
    IF(CLR='1') THEN
    --若指令 A 使用源 2 寄存器(即指令 A 为 CMP、ADD、INC 之一)且指令 B 使用目的
    --寄存器(即指令 B 为 IN1、MOV、ADD、INC 之一)
        IF((YIMAA(2)='1' OR YIMAA(4)='1' OR YIMAA(5)='1')AND(YIMAB(0)='1' OR
            YIMAB(1)='1' OR YIMAB(4)='1' OR YIMAB(5)='1')) THEN
    --若指令 A 的源 2 寄存器(目的寄存器)与指令 B 的目的寄存器相同，则发生了关于
    --指令 A 源 2 寄存器的先写后读数据相关
            IF(RDA=RDB) THEN
                RD<='1';
            ELSE
                RD<='0';
            END IF;
        ELSE
                RD<='0';
        END IF;
    --若指令 A 使用源 1 寄存器(即指令 A 为 CMP、ADD、OUT1 之一)且指令 B 使用目的
    --寄存器(即指令 B 为 IN1、MOV、ADD、INC 之一)
        IF((YIMAA(2)='1' OR YIMAA(4)='1' OR YIMAA(7)='1')AND(YIMAB(0)='1' OR
            YIMAB(1)='1' OR YIMAB(4)='1' OR YIMAB(5)='1')) THEN
    --若指令 A 的源 1 寄存器(目的寄存器)与指令 B 的目的寄存器相同，则发生了关于
    --指令 A 源 1 寄存器的先写后读数据相关
            IF(RSA=RDB) THEN
                RS<='1';
            ELSE
                RS<='0';
            END IF;
        ELSE
                RS<='0';
```

```
                    END IF;
              ELSE
                    RD<='0';
                    RS<='0';
              END IF;
--若指令 B 需将结果写回到通用寄存器(即指令 B 为 IN1、MOV、ADD、INC 之一),
--则根据指令 B 的目的寄存器编码产生寄存器输入控制信号 LDR0、LDR1、LDR2、LDR3
              IF(YIMAB(0)='1' OR YIMAB(1)='1' OR YIMAB(4)='1' OR YIMAB(5)='1') THEN
                    LDR0<=(NOT B(9)) AND (NOT B(8));
                    LDR1<=(NOT B(9)) AND B(8);
                    LDR2<=B(9) AND (NOT B(8));
                    LDR3<=B(9) AND B(8);
              ELSE
                    LDR0<='0';
                    LDR1<='0';
                    LDR2<='0';
                    LDR3<='0';
              END IF;
              LDRI<=LDR3&LDR2&LDR1&LDR0;    --由单线数据变为总线数据
              LDTR<=CLK AND YIMAB(7);              --只有输出指令 OUT1 才使用 TR
--只有执行 JMP 指令、JB 指令且条件满足时才实现程序分支,即将 LOAD 置为低电
平 "0"
              LOAD<=(NOT YIMAB(6)) AND ((NOT YIMAB(3)) OR ZF OR (NOT CF));
              LDPSW<=CLK AND YIMAB(2); --LDPSW 为程序状态字 PSW 的时钟控制信号
--出现控制相关时,将 CLR_IR 置为有效状态 "0"
              CLR_IR<=(NOT CLK) OR ((NOT YIMAB(6)) AND ((NOT YIMAB(3)) OR ZF OR (NOT
CF)));
        END PROCESS P3;
        P4:PROCESS
        BEGIN
              IF(CLR='0') THEN
                    S<="00";          --S[1..0]为算术逻辑运算单元 ALU 的控制信号
              ELSE
                    IF((YIMAB(0)='1')OR(YIMAB(1)='1')OR(YIMAB(3)='1')OR(YIMAB(6)='1')OR
                    (YIMAB(7)='1')) THEN
                          S<="00";          --直传
                    ELSIF(YIMAB(2)='1') THEN
                          S<="01";          --比较(减法)运算
                    ELSIF(YIMAB(4)='1') THEN
```

```
                        S<="10";        --加法运算
                ELSIF(YIMAB(5)='1') THEN
                        S<="11";        --加 1 运算
                ELSE
                        S<="00";
                END IF;
            END IF;
        END PROCESS P4;
    END A;
```

　　在设计程序 5-12 时，为实现对源寄存器和目的寄存器的选择，采用了寄存器逻辑译码功能。正如 5.3.1 节所描述的那样，指令格式的 I9、I8 位为目的寄存器的编码，I11、I10 位为源寄存器的编码，因此控制通用寄存器的时钟控制信号与 I9 和 I8 有关，如表 5-9 所示。表中 LDRI[3..0]送入通用寄存器组单元 register 后转换为 LDR0、LDR1、LDR2、LDR3 单根控制信号线，分别与时钟信号 CLK 相与后作为 R0、R1、R2、R3 四个通用寄存器的时钟控制信号。通用寄存器的时钟控制信号上升沿有效。

**表 5-9　寄存器逻辑译码功能表(一)**

| I9 | I8 | LDR0 | LDR1 | LDR2 | LDR3 | LDRI[3..0] |
|----|----|------|------|------|------|------------|
| 0  | 0  | 1    | 0    | 0    | 0    | 0001       |
| 0  | 1  | 0    | 1    | 0    | 0    | 0010       |
| 1  | 0  | 0    | 0    | 1    | 0    | 0100       |
| 1  | 1  | 0    | 0    | 0    | 1    | 1000       |

# 5.7　操作控制器单元

　　流水线微处理器的操作控制器采用的是硬连线控制器，根据硬连线控制的设计原理和图 4-9 中各条指令的解释过程写出所有控制信号的逻辑表达式，直接用 VHDL 语言设计硬连线控制器，然后再生成如图 5-12 所示的图元。图 5-12 中的 A[15..0]为指令 A 的指令代码；CLR 为外部清零信号；CLK 为外部时钟信号；SW_B 是外部数据输入控制信号(低电平有效)；CS_I 为 ROM 存储器的片选信号(上升沿有效)；LDAC 和 LDDR 分别为累加器 AC 和暂存器 DR 的时钟控制信号(上升沿有效)；I 为立即数和转移地址传送控制信号(高电平有效)，若 I 为

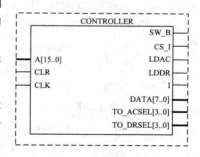

图 5-12　操作控制器单元

高电平"1"，则将 DATA[7..0](8 位数据)送往累加器 AC，实现立即寻址或程序转移；TO_ACSEL[3..0]和 TO_DRSEL[3..0]分别为控制通用寄存器 R0、R1、R2、R3 的内容被送

往 AC 或 DR 的输出控制信号。实现操作控制器单元功能的 VHDL 源程序如程序 5-13 所示。

【程序 5-13】

```
        LIBRARY IEEE;
        USE IEEE.STD_LOGIC_1164.ALL;
        USE IEEE.STD_LOGIC_ARITH.ALL;
        USE IEEE.STD_LOGIC_UNSIGNED.ALL;
        ENTITY CONTROLLER IS
        PORT(
            A:IN STD_LOGIC_VECTOR(15 DOWNTO 0);
            CLR,CLK:IN STD_LOGIC;
            SW_B:OUT STD_LOGIC;
            CS_I:OUT STD_LOGIC;
            LDAC,LDDR:OUT STD_LOGIC;
            I:OUT STD_LOGIC;
            DATA:OUT STD_LOGIC_VECTOR(7 DOWNTO 0);
            TO_ACSEL,TO_DRSEL:OUT STD_LOGIC_VECTOR(3 DOWNTO 0)
            );
        END CONTROLLER;
        ARCHITECTURE A OF CONTROLLER IS
        SIGNAL IN1,MOV,CMP,JB,ADD,INC,JMP,OUT1:STD_LOGIC;
        SIGNAL YIMA:STD_LOGIC_VECTOR(7 DOWNTO 0);
        SIGNAL SEL_AC,SEL_DR:STD_LOGIC_VECTOR(2 DOWNTO 0);
        SIGNAL AC_S1,AC_S2,AC_S3,DR_S1,DR_S2,DR_S3:STD_LOGIC;
        SIGNAL IN_SEL:STD_LOGIC_VECTOR(2 DOWNTO 0);
        BEGIN
            P1:PROCESS
            BEGIN
                IF(CLR='0') THEN
                    CS_I<='0';
                    SW_B<='1';
                    LDAC<='0';
                    LDDR<='0';
                ELSE
                    CS_I<=CLK;          --CS_I 为 ROM 的片选信号
                    SW_B<=NOT IN1;      --SW_B 为输入控制信号
                    --LDAC 为累加器 AC 的时钟控制信号
                    LDAC<=CLK AND (IN1 OR MOV OR JB OR CMP OR ADD OR JMP OR OUT1);
                    --LDDR 为暂存寄存器 DR 的时钟控制信号
                    LDDR<=CLK AND (CMP OR ADD OR INC);
```

```vhdl
        END IF;
    END PROCESS P1;
P2:PROCESS
BEGIN
    IF(CLR='0') THEN
        YIMA<="00000000";
    ELSE
        CASE A(15 DOWNTO 12) IS      --指令译码
            WHEN "0001"=>YIMA<="00000001"; --IN1
            WHEN "0010"=>YIMA<="00000010"; --MOV
            WHEN "0011"=>YIMA<="00000100"; --CMP
            WHEN "0100"=>YIMA<="00001000"; --JB
            WHEN "0101"=>YIMA<="00010000"; --ADD
            WHEN "0110"=>YIMA<="00100000"; --INC
            WHEN "0111"=>YIMA<="01000000"; --JMP
            WHEN "1000"=>YIMA<="10000000"; --OUT1
            WHEN OTHERS=>YIMA<="00000000";
        END CASE;
    END IF;
IN1<=YIMA(0);
MOV<=YIMA(1);
CMP<=YIMA(2);
JB<=YIMA(3);
ADD<=YIMA(4);
INC<=YIMA(5);
JMP<=YIMA(6);
OUT1<=YIMA(7);
END PROCESS P2;
P3:PROCESS
BEGIN
    IF(CLR='0') THEN
        AC_S1<='0';
        AC_S2<='0';
        AC_S3<='1';
        DR_S1<='0';
        DR_S2<='0';
        DR_S3<='1';
    ELSE
        AC_S1<=A(10);
```

```
        AC_S2<=A(11);
        AC_S3<='0';
        DR_S1<=A(8);
        DR_S2<=A(9);
        DR_S3<='0';
        IF((CMP='1')OR(ADD='1')OR(OUT1='1')) THEN
            SEL_AC<=AC_S3&AC_S2&AC_S1;
        ELSE
            SEL_AC<="111";
            END IF;
        --TO_ACSEL[3..0]为选择哪一个通用寄存器数据送入累加器 AC 的控制信号
        CASE SEL_AC(2 DOWNTO 0) IS
            WHEN "000"=>TO_ACSEL<="0001";
            WHEN "001"=>TO_ACSEL<="0010";
            WHEN "010"=>TO_ACSEL<="0100";
            WHEN "011"=>TO_ACSEL<="1000";
            WHEN OTHERS=>TO_ACSEL<="0000";
        END CASE;
        IF((CMP='1')OR(ADD='1')OR(INC='1')) THEN
            SEL_DR<=DR_S3&DR_S2&DR_S1;
        ELSE
            SEL_DR<="111";
        END IF;
        --TO_DRSEL[3..0]为选择哪一个通用寄存器数据送入暂存寄存器 DR 的控制信号
        CASE SEL_DR(2 DOWNTO 0) IS
            WHEN "000"=>TO_DRSEL<="0001";
            WHEN "001"=>TO_DRSEL<="0010";
            WHEN "010"=>TO_DRSEL<="0100";
            WHEN "011"=>TO_DRSEL<="1000";
            WHEN OTHERS=>TO_DRSEL<="0000";
        END CASE;
    END IF;
END PROCESS P3;
P4:PROCESS
BEGIN
    IF(CLR='0') THEN
        DATA<="00000000";
        I<='0';
    ELSE
```

　　　　　　　　--DATA[7..0]为指令代码的低 8 位，有可能为立即数或转移地址，与指令操作码有关
　　　　　　　　DATA<=A(7 DOWNTO 0);
　　　　　　　　--若为 MOV、JB 或 JMP 指令，则将控制信号 I 置为"1"，表示要使用指令代码的
　　　　　　　　--低 8 位，这 8 位到底是作为立即数，还是作为转移地址使用，与指令操作码 MOV、
　　　　　　　　-- JB 和 JMP 有关
　　　　　　　　I<=MOV OR JB OR JMP;
　　　　　　END IF;
　　　　　END PROCESS P4;
　　　END A;

　　　指令 A 源寄存器和目的寄存器的内容可能会被送往累加器 AC，也有可能会被送往暂存器 DR，TO_ACSEL[3..0]和 TO_DRSEL[3..0]控制信号便用来对其进行相应的控制。TO_ACSEL[3..0]和 TO_DRSEL[3..0]控制信号与指令 A 的 I11、I10、I9、I8 有关，如表 5-10 所示。表中 I11、I10 为指令 A 源 1 寄存器的编码，I9、I8 为指令 A 源 2 寄存器(也是目的寄存器)的编码。

表 5-10　寄存器逻辑译码单元功能表(二)

| I11 | I10 | TO_ACSEL[3..0] | 功　　能 | I9 | I8 | TO_DRSEL[3..0] | 功　　能 |
|-----|-----|----------------|----------|----|----|----------------|----------|
| 0 | 0 | 0001 | R0 的内容送往 AC | 0 | 0 | 0001 | R0 的内容送往 DR |
| 0 | 1 | 0010 | R1 的内容送往 AC | 0 | 1 | 0010 | R1 的内容送往 DR |
| 1 | 0 | 0100 | R2 的内容送往 AC | 1 | 0 | 0100 | R2 的内容送往 DR |
| 1 | 1 | 1000 | R3 的内容送往 AC | 1 | 1 | 1000 | R3 的内容送往 DR |

　　　由于寄存器逻辑译码单元的功能是在操作控制器中设计所有控制信号时用到的，而操作控制器的全部功能均用 VHDL 语言编程实现，因此，其功能由软件实现，无需另画电路图。

# 5.8　顶层电路单元

　　　在 MAX+plus Ⅱ下设计的流水线微处理器的顶层电路图 main.gdf 如图 5-14 所示。流水线微处理器中既有像 ALU、多路选择器、数据相关和控制相关检查及解决电路、操作控制器等复杂的组合逻辑电路，也有像程序计数器、通用寄存器组、存储器、各类暂存器等时序逻辑电路。在图 5-13 中流水线微处理器的顶层电路 main、通用寄存器组 register 是在利用 MAX+plus Ⅱ软件编辑时采用原理图输入方式设计的，创建的图元符号名称为小写字母；其它模块均采用 VHDL 语言作为输入方式，生成的图元符号名称为大写字母。

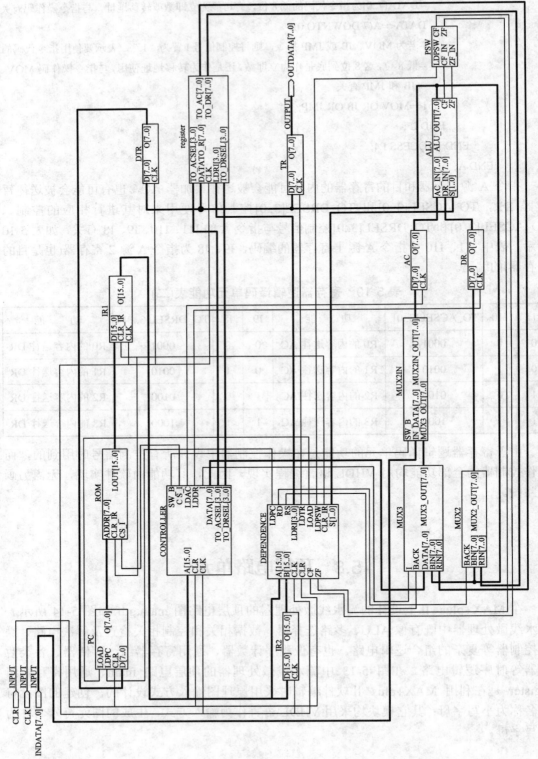

图 5-13 流水线微处理器的顶层电路图

## 5.9　数据暂存器单元

数据暂存器是一个 8 位的通用寄存器，如图 5-14 所示。CLK 与外部时钟信号相连，当 CLK 的上升沿到来时，将算术逻辑运算单元 ALU 的输出暂存于 DTR 中。若执行的是转移类指令，则当外部时钟信号的下降沿到来时，将 DTR 的内容送入程序计数器 PC，实现程序分支。数据暂存器对应的 VHDL 源程序如程序 5-14 所示。

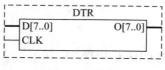

图 5-14　数据暂存器单元

【程序 5-14】

```
LIBRARY IEEE;
USE IEEE.STD_LOGIC_1164.ALL;
ENTITY DTR IS
PORT(
     D: IN STD_LOGIC_VECTOR(7 DOWNTO 0);
     CLK: IN STD_LOGIC;
     O: OUT STD_LOGIC_VECTOR(7 DOWNTO 0)
     );
END DTR;
ARCHITECTURE A OF DTR IS
BEGIN
     PROCESS(CLK)
     BEGIN
          IF(CLK'EVENT AND CLK='1') THEN
               O<=D;
          END IF;
     END PROCESS;
END A;
```

## 5.10　输出数据暂存器单元

输出数据暂存器是一个 8 位的通用寄存器，如图 5-15 所示。当输出指令(OUT1 指令)的解释处于最后一个流水段且 CLK 的上升沿到来时，将累加器 AC 的内容送往输出数据暂存器单元 TR，TR 的输出直接与输出设备相连。输出数据暂存器对应的 VHDL 源程序如程序 5-15 所示。

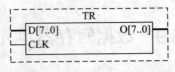

图 5-15　输出数据暂存器单元

【程序 5-15】

```
LIBRARY IEEE;
USE IEEE.STD_LOGIC_1164.ALL;
ENTITY TR IS
PORT(
    D: IN STD_LOGIC_VECTOR(7 DOWNTO 0);
    CLK: IN STD_LOGIC;
    O: OUT STD_LOGIC_VECTOR(7 DOWNTO 0)
    );
END TR;
ARCHITECTURE A OF TR IS
BEGIN
    PROCESS(CLK)
    BEGIN
        IF(CLK'EVENT AND CLK='1') THEN
            O<=D;
        END IF;
    END PROCESS;
END A;
```

# 5.11　数据选择器单元

为了实现输入数据、指令代码中的立即数或转移地址、通用寄存器组中的数据，以及相关专用通路回写的数据等有选择地送入累加器 AC 或暂存器 DR，在流水线微处理器的顶层电路图中增设了多个实现不同功能的数据选择器单元。

## 5.11.1　3 选 1 数据选择器单元 MUX3

3 选 1 数据选择器单元 MUX3 如图 5-16 所示。MUX3 在指令代码中的立即数或转移地址输入控制信号 I、数据相关控制信号 BACK(与 RS 相连)的控制下，用来从指令代码中的立即数或转移地址 DATA[7..0]、相关专用通路回写数据 BIN[7..0]和通用寄存器中读出的数据 RIN[7..0]中选择一个 8 位的数据，经另外一个数据选择器单元 MUX2IN 送往累加器 AC。3 选 1 数据选择器单元 MUX3 的功能如表 5-11 所示，对应的 VHDL 源程序如程序 5-16 所示。

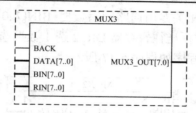

图 5-16 3 选 1 数据选择器单元 MUX3

表 5-11 3 选 1 数据选择器 MUX3 的功能表

| 输 入 | | | | | 输 出 |
|---|---|---|---|---|---|
| I | BACK | DATA[7..0] | BIN[7..0] | RIN[7..0] | MUX3_OUT[7..0] |
| 1 | × | × | × | × | DATA[7..0] |
| 0 | 0 | × | × | × | RIN[7..0] |
| 0 | 1 | × | × | × | BIN[7..0] |

【程序 5-16】

```
LIBRARY IEEE;
USE IEEE.STD_LOGIC_1164.ALL;
ENTITY MUX3 IS
PORT(
        I,BACK:IN STD_LOGIC;
        DATA,BIN,RIN:IN STD_LOGIC_VECTOR(7 DOWNTO 0);
        MUX3_OUT:OUT STD_LOGIC_VECTOR(7 DOWNTO 0)
);
END MUX3;
ARCHITECTURE A OF MUX3 IS
BEGIN
        PROCESS
        BEGIN
            IF(I='1') THEN
                MUX3_OUT<=DATA;
            ELSIF(BACK='0')THEN
                MUX3_OUT<=RIN;
            ELSE
                MUX3_OUT<=BIN;
            END IF;
        END PROCESS;
    END A;
```

## 5.11.2  2 选 1 数据选择器单元 MUX2

2 选 1 数据选择器单元 MUX2 如图 5-17 所示。MUX2 在数据相关控制信号 BACK(与

RD 相连)的控制下，用来从相关专用通路回写数据 BIN[7..0]和通用寄存器中读出的数据 RIN[7..0]中选择一个 8 位的数据送往暂存器 DR。2 选 1 数据选择器单元 MUX2 的功能如表 5-12 所示，对应的 VHDL 源程序如程序 5-17 所示。

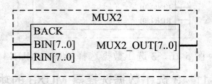

图 5-17　2 选 1 数据选择器单元 MUX2

表 5-12　2 选 1 数据选择器 MUX2 的功能表

| 输　　入 | | | 输　　出 |
|---|---|---|---|
| BACK | BIN[7..0] | RIN[7..0] | MUX2_OUT[7..0] |
| 0 | × | × | RIN[7..0] |
| 1 | × | × | BIN[7..0] |

【程序 5-17】

```
LIBRARY IEEE;
USE IEEE.STD_LOGIC_1164.ALL;
ENTITY MUX2 IS
PORT(
        BACK:IN STD_LOGIC;
        BIN,RIN:IN STD_LOGIC_VECTOR(7 DOWNTO 0);
        MUX2_OUT:OUT STD_LOGIC_VECTOR(7 DOWNTO 0)
);
END MUX2;
ARCHITECTURE A OF MUX2 IS
BEGIN
        PROCESS
        BEGIN
            IF(BACK='1') THEN
                MUX2_OUT<=BIN;
            ELSE
                MUX2_OUT<=RIN;
            END IF;
        END PROCESS;
END A;
```

### 5.11.3　2 选 1 数据选择器单元 MUX2IN

2 选 1 数据选择器单元 MUX2IN 如图 5-18 所示。MUX2IN 在数据输入控制信号 SW_B 的控制下，用来从输入设备的输入数据 IN_DATA[7..0]和 3 选 1 数据选择器 MUX3 的数据

输出端 MUX3_OUT[7..0]中选择一个 8 位的数据送往累加器 AC，SW_B 低电平有效。2 选
1 数据选择器单元 MUX2IN 的功能如表 5-13 所示，对应的 VHDL 源程序如程序 5-18 所示。

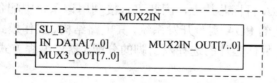

图 5-18　2 选 1 数据选择器单元 MUX2IN

表 5-13　2 选 1 数据选择器 MUX2IN 的功能表

| 输　　入 | | | 输　　出 |
|---|---|---|---|
| SW_B | IN_DATA[7..0] | MUX3_OUT[7..0] | MUX2IN_OUT[7..0] |
| 0 | × | × | IN_DATA[7..0] |
| 1 | × | × | MUX3_OUT[7..0] |

【程序 5-18】

```
LIBRARY IEEE;
USE IEEE.STD_LOGIC_1164.ALL;
ENTITY MUX2IN IS
PORT(
    SW_B:IN STD_LOGIC;
    IN_DATA,MUX3_OUT:IN STD_LOGIC_VECTOR(7 DOWNTO 0);
    MUX2IN_OUT:OUT STD_LOGIC_VECTOR(7 DOWNTO 0)
    );
END MUX2IN;
ARCHITECTURE A OF MUX2IN IS
BEGIN
    PROCESS
    BEGIN
        IF(SW_B='0') THEN
            MUX2IN_OUT<=IN_DATA;
        ELSE
            MUX2IN_OUT<=MUX3_OUT;
        END IF;
    END PROCESS;
END A;
```

# 5.12　输入/输出设备

由 4.2.1 节中的流水线微处理器总体框图和 5.8 节中流水线微处理器的顶层电路单元可

知,我们采用 MAX+plus Ⅱ 设计的微处理器部分并不包含输入/输出设备。由于我们要采用 EDA 实验开发系统对模型机的功能进行验证,需将设计的模型机电路编程下载到该实验开发系统上的 CPLD/FPGA 目标芯片上,因此可直接利用该系统中配备的输入/输出设备来完成输入/输出操作。不同的 EDA 实验开发系统,其电路结构、工作模式、使用的 CPLD/FPGA 目标芯片等各不相同,目标芯片的选择及引脚的分配、器件编程方式请参考 EDA 实验台的实验手册。

# 5.13　功能仿真和时序仿真

功能仿真与时序仿真的区别仅在于:功能仿真时不需要选择实际的 CPLD/FPGA 目标芯片,也不需要为顶层电路图中的输入/输出引脚设置实际芯片的引脚号,其结果仅反映流水线微处理器电路和功能设计的正确性,与选择的具体 CPLD/FPGA 目标芯片无关,也未考虑实际器件的内部优化和延时等特性。为了验证流水线微处理器设计的正确性以及流水线的性能,根据设计的指令系统编写完成范例功能的汇编语言源程序和机器语言源程序,如表 5-14 所示。程序实现的功能为:求 1 到任意一个整数之间的所有奇数之和并输出显示。

**表 5-14　汇编语言源程序和机器语言源程序**

| 汇编语言源程序 | 地址（十六进制） | 机器语言源程序 | | 指令功能 |
| --- | --- | --- | --- | --- |
| | | 二进制编码 | 十六进制编码 | |
| IN1 R0 | 00 | 0001 0000 00000000 | 1000 | (SW)→R0 |
| MOV R1,1 | 01 | 0010 0001 00000001 | 2101 | 1→R1 |
| MOV R2,0 | 02 | 0010 0010 00000000 | 2200 | 0→R2 |
| L1:CMP R0,R1 | 03 | 0011 0001 00000000 | 3100 | (R0)-(R1),锁存 CF 和 ZF |
| JB L2 | 04 | 0100 0000 00001001 | 4009 | 若小于,则 L2→PC |
| ADD R1,R2 | 05 | 0101 0110 00000000 | 5600 | (R1)+(R2)→R2 |
| INC R1 | 06 | 0110 0001 00000000 | 6100 | (R1)+1→R1 |
| INC R1 | 07 | 0110 0001 00000000 | 6100 | (R1)+1→R1 |
| JMP L1 | 08 | 0111 0000 00000011 | 7003 | L1→PC |
| L2:OUT1 R2 | 09 | 1000 1000 00000000 | 8800 | (R2)→LED |
| JMP L2 | 0A | 0111 0000 00001001 | 7009 | L2→PC |

在流水线微处理器上的仿真波形如图 5-19(a)、(b)所示。图中的 CLK 为时钟输入信号,CLR 为外部清"0"信号(低电平有效),INDATA[7..0]为外部的 8 位数据输入信号(十六进制数表示),OUTDATA[7..0]为 8 位数据输出信号(十六进制数表示),其它项为器件的内部寄存器的值、存储器的数据输出和运算器的数据输出。其中 PC 为程序计数器的输出,ROM:I_OUT 为存储器的数据输出(其内容为访存取指的指令代码),IR1 为指令队列中指令寄存器 IR1 的输出,IR2 为指令队列中指令寄存器 IR2 的输出,ALU_OUT 为算术逻辑运算单元 ALU 的运算结果输出,AC 为累加器 AC 的输出,DR 为暂存寄存器 DR 的输出,R0 为 R0 寄存器的输出,R1 为 R1 寄存器的输出,R2 为 R2 寄存器的输出,TR 为输出数据暂存器 TR 的输出,DTR 为数据暂存器 DTR 的输出。

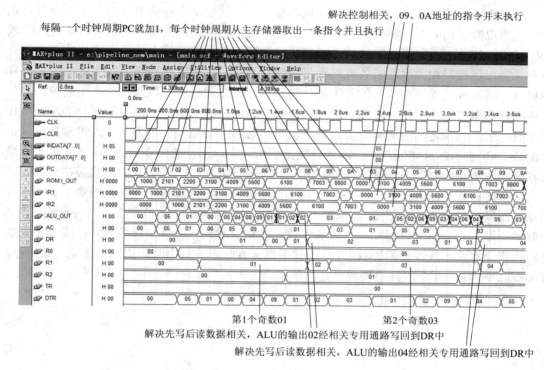

图 5-19(a)　流水线微处理器上的仿真波形图 1

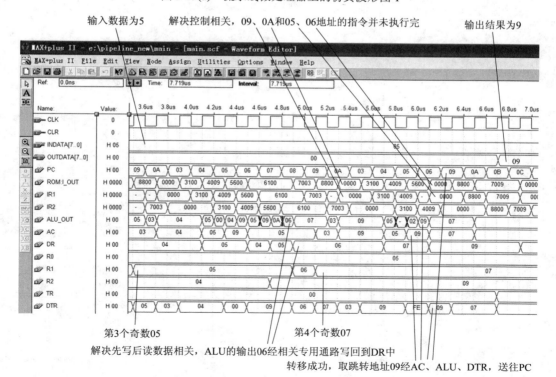

图 5-19(b)　流水线微处理器上的仿真波形图 2

　　从仿真结果可以看出，流水线微处理器每个时钟周期从主存储器取出一条指令并且执行，当出现数据相关时，利用数据相关专用通路及控制部件直接将运算结果回送到 AC 或 DR，如图 5-20(a)、(b)所示。这样不但解决了数据相关，而且流水的效率和吞吐率都没有下降。当出现控制相关时，若条件转移指令转移不成功，则流水线不会发生断流；若条件转移指令转移成功或正在执行的是无条件转移指令，则通过相关控制部件产生的控制信号直接将存储器的输出和指令队列中指令寄存器 IR1 的内容清除。当输入数据 INDATA[7..0] 为 5 时，求 1 到 5 之间的所有奇数之和，输出数据 OUTDATA[7..0] 为 9(十六进制数表示)，如图 5-20(b)所示。从完成程序功能到有数据输出，实际执行的指令数为 24 条，流水线微处理器实际所花的时间为 34 个时钟周期(每个时钟周期为 0.2 μs)，其中流水线初启时间延迟为 2 个时钟周期，执行条件转移指令 JB，当转移成功时造成流水线断流浪费了 2 个时钟周期，循环执行无条件转移指令 JMP 三次，每次造成流水线断流浪费 2 个时钟周期，共 6 个时钟周期。由分析可以得知，在不考虑流水线初启时延、条件转移指令转移成功和无条件转移指令对流水线性能的影响时，流水线的最大吞吐率为每个时钟周期解释完一条指令，实际吞吐率为每 1.4 个时钟周期解释完一条指令。

# 第 6 章　MAX+plus Ⅱ开发系统

## 6.1　MAX+plus Ⅱ系统运行环境及软件安装

### 6.1.1　概述

　　MAX+plus Ⅱ是美国 Altera 公司为其生产的可编程逻辑器件而自行设计的一种 EDA 软件工具，其全称为 Multiple Array Matrix and Programmable Logic User Systems。

　　MAX+plus Ⅱ功能强大而且使用方便，是当前市场上应用最为广泛的 PLD 开发工具之一。它主要有以下几个特点：

　　(1) 多平台。MAX+plus Ⅱ软件可以在基于 PC 机的如 Windows 95、Windows 98、Windows 2000、Windows XP、Windows NT 3.5.1 或 4.0 等操作系统下运行，也可以在 Sun SPARC stations、HP9000 Series 700/800 或 IBM RISC System/6000 工作站上运行。

　　(2) 与结构无关。MAX+plus Ⅱ开发系统的核心——Compiler(编译器)能自动完成逻辑综合和优化，它支持 Altera 公司 Classic、MAX 和 FLEX 系统的 PLD，提供了一个与结构无关的 PLD 开发环境。设计者无需精通器件内部的复杂结构，只要能够使用常用的设计输入方法(如图形输入、HDL 输入和波形输入)完成对设计的描述，MAX+plus Ⅱ软件就能自动地将设计输入编译成 PLD 最终需要的编程文件。

　　(3) 完全集成化。MAX+plus Ⅱ的设计输入、编译处理、仿真验证和编程下载等工具都集成在统一的开发环境下，这样可以提高设计效率，缩短开发周期。图 6-1 是 MAX+plus Ⅱ的组成示意图。

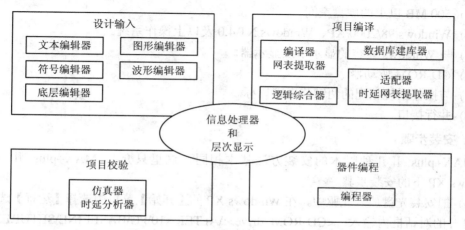

图 6-1　MAX+plus Ⅱ的组成

(4) 开放的界面。MAX+plus Ⅱ提供了与其它设计输入、综合和校验工具的接口，接口符合 EDIF 200/300、LPM、VHDL、Verilog HDL、Mentor Graphics、Cadence、OrCAD、Xillinx 等公司的工具。

(5) 支持硬件描述语言。MAX+plus Ⅱ支持 HDL 输入，包括被列入 IEEE 标准的VHDL(87 版和 93 版)和 Verilog HDL 以及 Altera 公司自己开发的 AHDL。

(6) 丰富的设计库。MAX+plus Ⅱ提供丰富的库单元供设计者调用，其中包括一些基本的逻辑单元(如逻辑门、触发器等)、74 系列的器件和多种特定的逻辑宏功能(Macro Function)模块以及参数化的兆功能(Mega Function)模块(如乘法器、FIFO、RAM 等)。调用库单元进行设计，可以大大减轻设计人员的工作量，缩短设计周期。

(7) 丰富的在线帮助。MAX+plus Ⅱ提供强大的在线帮助功能，包括 MAX+plus Ⅱ的详细使用说明和其它一些信息，如 HDL、第三方设计工具等。

## 6.1.2　软件安装

### 1. 版本

MAX+plus Ⅱ软件按使用的平台可分为 PC 机版和工作站版；按使用对象可分为商业版、基本版(BASELINE)和学生版(E+MAX)。其中商业版功能最全面，支持各种输入和仿真方式，结果可下载到各种 PLD 芯片，但安装软件前要安装附带的硬件装置(硬件狗)，同时需要一个授权文件(License.dat)。基本版和学生版都是免费软件，它们在商业版上加了一些不同程度的限制，授权文件(License.dat)可以到 Altera 公司的网站(www.Altera.com)上申请，不需要安装硬件狗。

### 2. 推荐的 PC 机系统配置

在普通的 PC 机或兼容机上安装 MAX+plus Ⅱ，不同的软件版本对机器的要求稍有不同，安装时请查看随软件附送的软件手册或 readme.txt 文件。在安装 MAX+plus Ⅱ 10.0版本的软件时，推荐的 PC 机系统配置如下：

(1) 奔腾Ⅱ及以上 PC 机。

(2) 256 MB 以上的有效内存，不低于 128 MB 的物理内存。

(3) 500 MB 以上的硬盘空间。

(4) Windows 98/2000/XP、Windows NT 4.0 及以上操作系统。

(5) 与 Windows 兼容的显示卡及显示器。

(6) CD-ROM 驱动器。

(7) 与操作系统相配的两键或三键鼠标。

(8) 并行接口。

### 3. 安装步骤

MAX+plus Ⅱ几种版本的安装方法基本相同，这里只介绍 MAX+plus Ⅱ 10.0 在Windows XP 下的安装步骤。

(1) 把安装光盘放入光驱中，在 Windows XP 的【开始】菜单中选择【运行】选项，然后在打开的对话框内输入：<CD-ROM drive>:\ALTERA10\PC\BASELINE\SETUP.EXE。也可以在资源管理器中直接双击光盘中\ALTERA10\PC\BASELINE\目录下的 SETUP.EXE 文件，直接运行安装文件。安装软件的初始界面如图 6-2 所示。

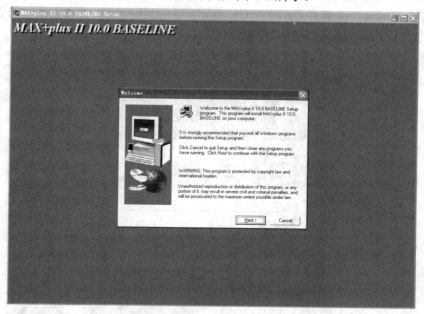

图 6-2　安装软件的初始界面

(2) 用户单击 Next 按钮，即会看到如图 6-3 所示的用户软件协议界面。此界面询问用户是否愿意履行有关该软件的版权协议，用户只需单击 Yes 按钮即可。

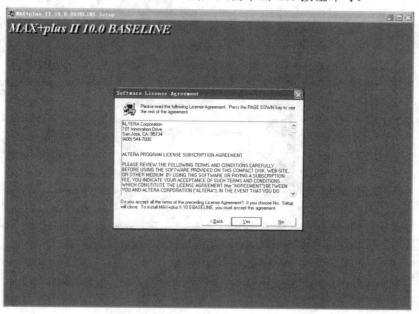

图 6-3　软件协议界面

(3) 在接着弹出的对话框中输入用户名称和公司名称等相关信息，单击 Next 按钮即可进入安装组件和安装路径选择界面，如图 6-4 和图 6-5 所示。在安装组件选择时，建议用户选择 MAX+plus Ⅱ提供的全部组件。对于软件安装的路径与文件夹名称，如果不更改，默认的安装路径为 C:\maxplus2 和 C:\max2work。若更改，可单击 Browse 浏览磁盘的目录结构，选好路径与文件夹名称后，单击 OK 按钮，返回到图 6-4 和图 6-5 所示的界面，单击 Next 按钮即可看到如图 6-6 所示的界面。

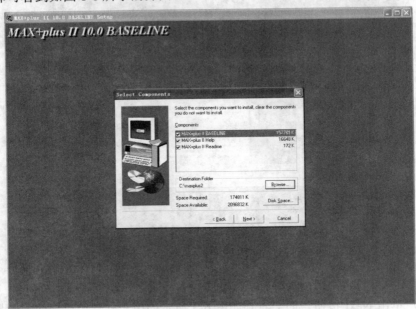

图 6-4　安装组件和安装路径选择界面 1

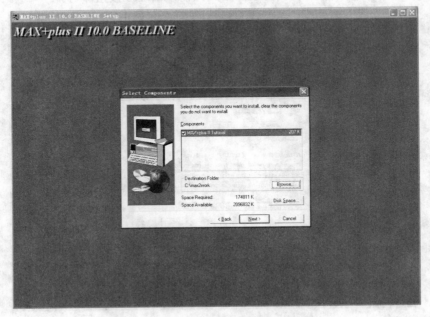

图 6-5　安装组件和安装路径选择界面 2

　　(4) 图 6-6 所示的界面向用户汇报了最终安装的文件夹情况。用户只需单击 Next 按钮即可完成。这时开始按照用户的要求将 MAX+plus Ⅱ 安装到指定的位置，然后用户可以看到如图 6-7 所示的界面，说明安装过程正在进行中。

(5) 安装程序运行完毕后，会让用户选择是否阅读 readme.txt 文件。如果看到这个界面，说明 MAX+plus Ⅱ已安装成功。

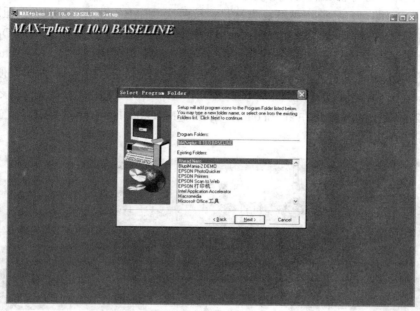

图 6-6　向用户汇报的安装文件夹情况界面

图 6-7　程序安装界面

(6) 安装成功后，复制<CD-ROM drive>:\ALTERA10\crack 目录下的 altera.dat 和 license_M_Q.dat 两个 license 文件到 MAX+plus Ⅱ的安装目录下，如 c:\maxplus2。

(7) 在 Windows XP 的【开始】菜单中选择【所有程序】选项，从【所有程序】选项中选择【MAX+plus Ⅱ10.0 BASELINE】，再在【MAX+plus Ⅱ10.0 BASELINE】选项中单击

【MAX+plus Ⅱ10.0 BASELINE】，程序就可运行。第一次运行 MAX+plus Ⅱ时，会弹出一个对话框提示"遵守协议"，需要用鼠标将下拉条拉到最后，"OK"按钮才会点亮，然后点击"OK"按钮即可。另外一种解决方法是：按两次"TAB"键后，"OK"按钮即可点亮。

(8) 程序第一次运行时，在 MAX+plus Ⅱ的工作环境窗口的菜单栏单击【Option】，在弹出的下拉式菜单中选择【License Setup...】，会出现如图 6-8 所示的 License Setup 对话框。这时需要将 altera.dat 文件加入，以便检测文件中的授权码。按 Browse 按钮，便可以选择授权(license)文件，此时选择前面从<CD-ROM drive>:\ALTERA10\crack 目录下拷贝进 c:\max plus2 目录下的授权文件 altera.dat 或 license_M_Q.dat 即可，按"OK"后，MAX+plus Ⅱ的所有特性就都可以使用了。

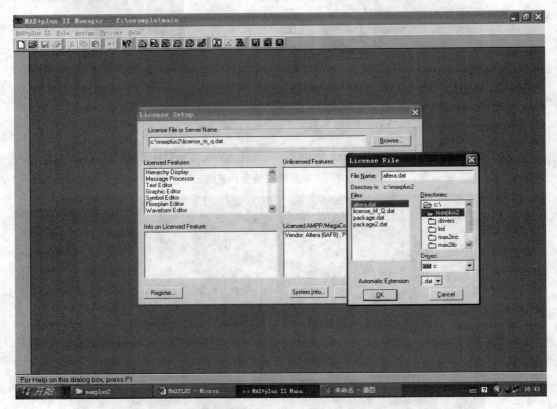

图 6-8　License Setup 对话框

## 4. 注意事项

如果计算机上原先安装有 MAX+plus Ⅱ老版本的软件，应该在安装前卸载它，以免与新版本发生冲突，安装前还要关闭所有正在运行的应用程序。另外，有的操作系统(如Windows95/98)要求重新启动计算机才能进行第一次运行，这时只需按照提示一步步执行即可。同时，此软件在安装和使用过程中还应该注意以下四点：

(1) 软件安装前和使用中应注意计算机时间必须为当前时间(年月日)，不要向后退，否则此软件可能无法正常使用！

(2) 此软件对病毒敏感，若计算机中稍有病毒，则在使用中将会严重影响软件的正常使用，并会出现许多无法确定的问题！

(3) 不要将 MAX+plus Ⅱ更低版本的设计用此软件编译(纯 VHDL 文件除外)。

(4) 文件名称和文件所在的目录名称不能使用中文。

# 6.2　MAX+plus Ⅱ工作环境

## 6.2.1　MAX+plus Ⅱ管理器

MAX+plus Ⅱ管理器(MAX+plus Ⅱ Manager)窗口如图 6-9 所示。它提供了一个总体框架，其中综合了该软件所有的应用程序。从这个界面，用户可以进入全部的应用程序，在这里可以执行的命令在应用程序界面也可执行。管理器窗口包括标题栏、菜单栏、工具栏、状态栏和工作显示区等。其中标题栏提示当前文件及工程的路径，状态栏提示所选的菜单或工具的功能。下面重点介绍菜单栏和工具栏。

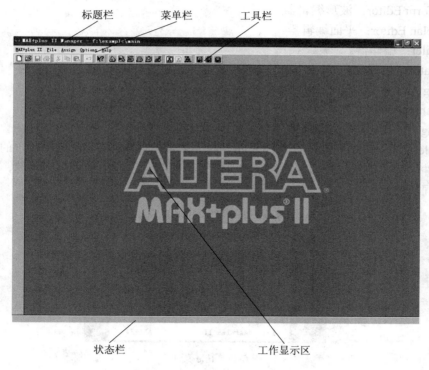

图 6-9　MAX+plus Ⅱ的工作环境窗口

### 1. 菜单栏

菜单栏包括以下五个菜单项：

(1) MAX+plus Ⅱ菜单。MAX+plus Ⅱ菜单如图 6-10 所示。单击这一菜单，可以弹出下拉菜单，其中包含了 MAX+plus Ⅱ的 11 个全部应用程序，选择其中任一项，即可打开该程序的界面。

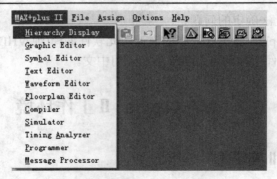

图 6-10　MAX+plus Ⅱ菜单

Hierarchy Display：层次显示器。

Graphic Editor：图形编辑器。

Symbol Editor：图元(图形符号)编辑器。

Text Editor：文本编辑器。

Waveform Editor：波形编辑器。

Floorplan Editor：平面编辑器。

Compiler：编译器。

Simulator：仿真器。

Timing Analyzer：定时分析器。

Programmer：编程器。

Message Processor：消息处理器。

(2) File 菜单。File 菜单如图 6-11 所示。与大多数软件一样，File 菜单包含的操作一般是管理文件的基本操作，例如文件的新建、打开、删除，以及退出程序编辑等，也有与其他软件不同的选项。

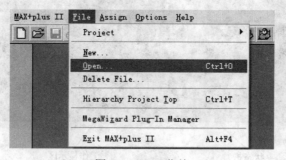

图 6-11　File 菜单

Project：向用户提供对所设计工程文件的操作项目。它的子菜单中包括确定工程名称、将工程设定为当前文件、工程的编译、仿真、检查和工程备份选项等。

New...：新建一个文件。

Open...(或 Ctrl+O)：打开一个已有文件。

Delete File...：删除指定文件。

Hierarchy Project Top(或 Ctrl+T)：用于打开顶层工程设计文件。

MegaWizard Plug-In Manager：帮助用户创建或修改自定义的函数，然后在设计文件中说明它。这样便可利用 Altera 公司提供的标准函数库和参数模型库简化设计过程。

Exit MAX+plus Ⅱ(或 Alt+F4)：退出 MAX+plus Ⅱ。

(3) Assign 菜单。Assign 菜单如图 6-12 所示。该菜单向用户提供对所设计系统各参数赋值的命令。

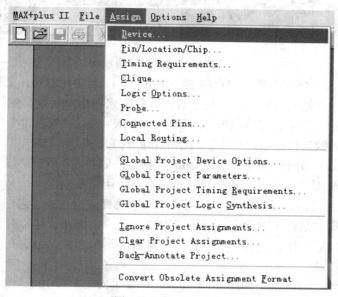

图 6-12  Assign 菜单

Device...：器件设定。

Pin/Location/Chip...：管脚/位置/芯片设定。

Timing Requirements...：时间属性设定。

Clique...：集合设定。

Logic Options...：逻辑属性设定。

Probe...：探针设定。

Connected Pins...：互连管脚设定。

Local Routing...：局部布线设定。

Global Project Device Options...：项目全局器件属性设定。

Global Project Parameters...：项目全局参数设定。

Global Project Timing Requirements...：项目全局时间属性设定。

Global Project Logic Synthesis...：项目全局逻辑综合规则设定。

Ignore Project Assignments...：忽略项目设定。

Clear Project Assignments...：清除项目设定。

Back-Annotate Project...：回注项目。

Convert Obsolete Assignment Format：转换设定的格式。

(4) Options 菜单。Options 菜单如图 6-13 所示。该菜单帮助用户对软件使用中的一些特性进行设置。

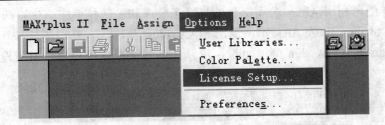

图 6-13　Options 菜单

**User Libraries...**：使用户确定自己的库，其中包含图元文件和设计文件等。当编译器对工程进行编译时，首先在当前工程目录中查找，接下来在用户自定义的目录中查找。

**Color Palette...**：用于打开颜色调整对话框。MAX+plus Ⅱ对软件中的各个项目及工作环境的颜色设置为默认值，用户可根据自己的喜好对它们进行调整。

**License Setup...**：用于打开 License Setup 对话框，如图 6-8 所示。该对话框使用户确认 Altera.dat 文件的位置，软件只有通过授权后，才能使用全部功能。

**Preferences...**：使用户可以对软件使用中的一些特性进行选择。它们分别为：是否在关闭软件前请示用户、是否在删除文件前请示用户、是否在编译器运行时使窗口最小化、是否在仿真时使窗口最小化、是否显示工具栏、是否显示状态栏、是否在软件开始运行时打开最新的工程。

(5) Help 菜单。Help 菜单如图 6-14 所示。该菜单向用户提供了全面的最新帮助文档，通过这些文档，用户可以很快掌握 MAX+plus Ⅱ中的各种应用软件，提高设计速度与效率。

选择图 6-14 中的任一选项，即可打开相关主题的帮助文档。例如选择 MAX+plus Ⅱ Table of Contents 选项，打开如图 6-15 所示的帮助文档总目录。该帮助文档总目录提供了关于这个软件的所有技术细节，它包括以下三个方面：

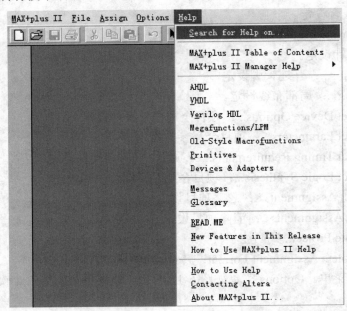

图 6-14　Help 菜单

第一，每一个应用程序的基本工具、指令、运行过程、快捷键、各种基本图元、宏模块库，以及三种硬件描述语言等。

第二，Altera 公司的各种 PLD 器件和适配器，以及公司的相关帮助文档。使用户在设计前可以先考虑器件的选择。

第三，工程设计中的各种技巧，使设计工作简洁高效。

帮助系统的使用非常灵活和方便，以下几种使用方式最为常见且高效实用：

第一，选择 Help 菜单下的 MAX+plus Ⅱ Table of Contents 选项，打开如图 6-15 所示的帮助文档总目录，其中包括了帮助系统的全部内容，它们以图标的方式出现，通过这个界面可以方便地进入任何一个帮助文档界面。

第二，选择 Help 菜单中的 Search for Help on 选项，打开查找对话框，键入所需帮助的主题，帮助系统会自动查找匹配的词汇。

第三，单击工具栏中的 ▶? 按钮，将带问号的箭头指向所需帮助的内容，就可以立即得到相关帮助信息。

第四，在每一个应用程序的帮助菜单里选择相应的程序名称，然后选择 Help Procedures 选项，就可以得到该程序详细的使用步骤。

第五，在每一个应用程序的帮助菜单里选择相应的程序名称，然后选择 Help Golden rules 选项，就可以得到该程序的使用技巧，这里浓缩了各个帮助文档中的精华。

在帮助文档的界面中，会看见以绿色字体显示的字符，单击它，可以链接到与这个主题相关的帮助界面。单击以蓝色字体显示的字符，会弹出与这个主题相关的说明、示例或快捷键。

### 2. 工具栏

工具栏向用户提供常用命令的快捷方式，在菜单中都能找到与它们相应的命令，熟练使用它们能减少许多操作步骤。下面将它们的作用及快捷方式一一介绍，对于其他软件中常见到的一些图标及功能在此就不再介绍。

▶?(Shift+F1)：上下文相关帮助按钮。它能提供即时的帮助，单击该按钮，显示器中鼠标会变成带问号标记的形状，然后将它指向所需帮助的地方，在大多数情况下都可得到相关信息。

⬛：此按钮为设计层次显示的快捷方式，使用它可打开层次显示器窗口。

⬛：此按钮为设计平面编辑的快捷方式，使用它可打开平面编辑器窗口。

⬛：此按钮为编译器的快捷方式，使用它可打开编译器窗口。

⬛：此按钮为仿真器的快捷方式，使用它可打开仿真器窗口。

⬛：此按钮为定时分析器的快捷方式，使用它可打开定时分析器窗口。

⬛：此按钮为编程器的快捷方式，使用它可打开编程器窗口。

⬛(Ctrl+J)：工程名确认按钮。单击它，会打开工程名称对话框，在这里可以更改或确定设计层次中的顶层工程名或程序名。

⬛(Ctrl+T)：顶层工程按钮。单击它，将把顶层设计层次中的文件打开。

⬛(Ctrl+K)：工程存盘和检测按钮。单击它，将保存目前的工程并部分编译。即把工程提交给编译器中的网表生成器并建立数据库。

(Ctrl+L)：工程存盘编译按钮。单击它，将保存所有的编译器输入文件，然后打开编译器并开始编译目前的工程。

(Ctrl+Shift+L)：工程存盘仿真按钮。单击它，将保存具有仿真格式的文件，然后打开仿真器并开始对目前的工程进行仿真。

图 6-15　　MAX+plus Ⅱ帮助系统窗口

### 6.2.2 层次显示器

选择 MAX+plus Ⅱ→Hierarchy Display 选项，即可打开层次显示器窗口，如图 6-16 所示。MAX+plus Ⅱ的层次显示器窗口向用户清晰地显示设计的逻辑层次，使用户可以方便地管理设计文件、工程，大大提高了工作效率。

如图 6-16 所示，层次显示器以"层次树"的方式显示当前工程或其他工程的全部层次，下层文件以分支的形式出现在树中，而且不同的输入方式可以出现在同一树中。如果一个或多个文件被打开，则它顶部的光标会以高亮的形式显示。如果工程被编译器中的网表提取器编译，"层次树"中也会显示用户为顶层工程自建的辅助文件。

所有的文件名称都附带着编辑器的光标和扩展名，用户可以从这里方便地打开文件编辑器。

层次显示器使用户可以在不同的文件与工程之间方便地切换，打开或关闭一个或多个文件时，窗口中对应的编辑器会自动打开或关闭。用户也可以任意放大"层次树"的局部，以便查看密集的分支结构。层次显示器中的菜单还可以帮助用户轻易地完成以下任务：

(1) 利用交汇处的分支按钮选择是否隐藏该分支。

(2) 选择一个文件并为其中的变量赋值，这和图形输入中的相关命令功能一致。

(3) 可以直接查看一个文件的物理实现情况。

(4) 用户可根据自己的习惯将"层次树"改为垂直显示。

图 6-16　MAX+plus Ⅱ的层次显示器窗口

### 6.2.3　图形编辑器

选择 MAX+plus Ⅱ→Garphic Editor 选项，即可打开图形编辑器窗口，如图 6-17 所示。它提供了一个最直观也是最传统的设计输入方式。用户可通过它输入复杂的电路原理图。MAX+plus Ⅱ本身具有种类非常全面的图元和宏模块库，另外图元编辑功能允许用户根据自己的习惯与风格建立模块库。通过应用这些库，原理图输入将变得轻而易举。图形编辑器的使用方法在 6.3 节中有较详细的介绍。

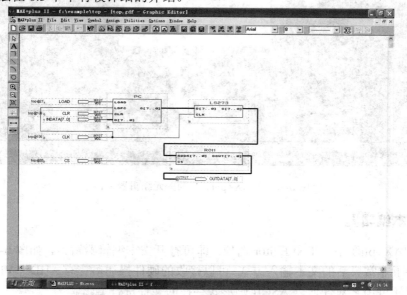

图 6-17　MAX+plus Ⅱ的图形编辑器窗口

### 6.2.4　图元编辑器

选择 MAX+plus Ⅱ→Symbol Editor 选项，即可打开图元编辑器窗口，如图 6-18 所示。它使用户能够查看、创建、编辑一个代表逻辑电路的图元(图形符号)。图元文件和设计文件有同样的名称，以 sym 为文件后缀。图形输入、文本输入和波形输入的界面中都可打开图元编辑器窗口或直接调用现有图元。

MAX+plus Ⅱ的图元编辑器的优点主要有：

(1) 用户可自定义代表设计文件的图元。

(2) 用户可确定参数及它们的默认值。

(3) 网格捕捉功能可帮助用户准确定位所编辑的元件。

(4) 可以在图元上加上相关注释，引用它时注释也会和图元一起出现，提示用户注意一些问题。

图元编辑器的使用方法在 6.3 节中有较详细的介绍。

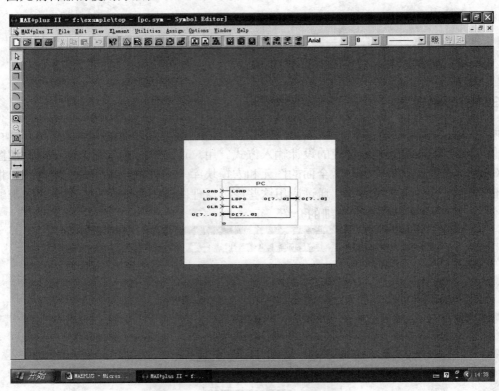

图 6-18　MAX+plus Ⅱ的图元编辑器窗口

### 6.2.5　文本编辑器

选择 MAX+plus Ⅱ→Text Editor 选项，即可打开文本编辑器窗口，如图 6-19 所示。它为用户提供了非常灵活的文本输入方式。可以接收的硬件描述语言有 AHDL、VHDL、Verilog HDL。用户还可用它对任何以 ASCII 码形式存在的文件进行编辑。

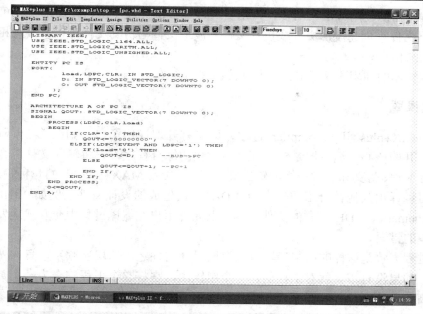

图 6-19　MAX+plus Ⅱ的文本编辑器窗口

MAX+plus Ⅱ的文本编辑器具有其他编辑器没有的优势。它将 AHDL、VHDL、Verilog HDL 整合进编辑器，这样编辑器对这三种语言可进行自动检测，找出格式和语法错误并在消息框中显示。用户也可以在文本编辑器中对器件的参数进行配置，或者对工程的编译器、仿真器、延时分析器进行设置。

文本编辑器的使用方法在 6.3 节中有较详细的介绍。

### 6.2.6　波形编辑器

选择 MAX+plus Ⅱ→Waveform Editor 选项，即可打开波形编辑器窗口，如图 6-20 所示。它的主要功能是作为波形输入的工具，还可以输入测试矢量观测仿真结果。波形输入与图形输入、文本输入可以互相转换使用。这种方式最适合以时序定义的输入输出，例如状态机、计数器和寄存器等。

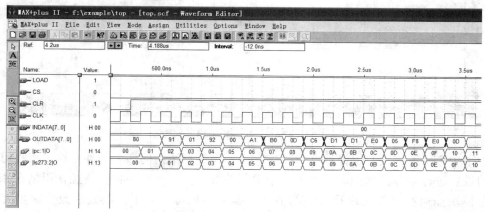

图 6-20　MAX+plus Ⅱ的波形编辑器窗口

波形编辑器的使用方法灵活多样，用户可以选择部分或全部转化波形，也可以输入一个 ASCII 码文件来创建波形文件或仿真文件。波形文件与仿真文件可以直接互相转化，这样便于设计与仿真。

波形编辑器的使用方法在 6.3 节中有较详细的介绍。

### 6.2.7　编译器

选择 MAX+plus Ⅱ→Compiler 选项，即可打开编译器窗口，如图 6-21 所示，它是 MAX+plus Ⅱ 的核心。编译器是一个高度自动化的综合程序，它将输入文件综合生成可以对器件进行编程、仿真和定时分析的输出文件。除了接收 MAX+plus Ⅱ 的几种输入方式外，编译器也可编译由其他符合工业标准的 EDA 工具生成的设计文件，例如 EDIF、XNF、OrCAD Schematic、TDF 格式的文件。编译器允许用户在编译过程中交互式地发现并纠正输入文件中的错误。

编译过程大致是这样的：编译器首先提取设计文件之间的层次联系信息，然后对整个工程查错，如果没有错误就对工程创建一个组织图，它将整个工程整合为一个数据库，这样可以提高编译效率。

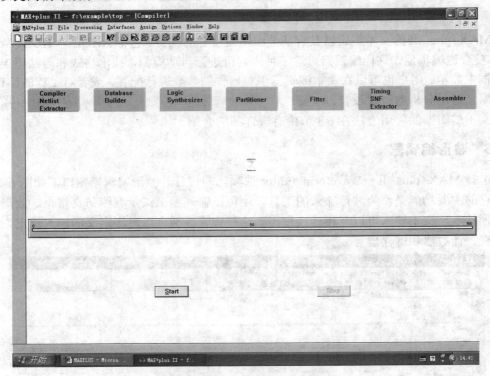

图 6-21　MAX+plus Ⅱ 的编译器窗口

如果一个工程太大，编译器会自动将它划分为统一结构的多个器件，这一步也可根据用户的设置进行划分。适配器会生成一个定制的报告文档，其中包括资源使用情况和工程的各个模块如何在器件上进行分配的情况。编译器也可根据用户的要求改变输出文件的格式，以用来进行各种仿真或定时分析。编译器最终生成一个或多个用来进行器件编程的文件。

编译器的使用方法在 6.3 节中有较详细的介绍。

## 6.2.8　仿真器

选择 MAX+plus Ⅱ→Simulator 选项，即可打开仿真器窗口，如图 6-22 所示。它是一个强有力的工具，主要作用是检验工程中的逻辑操作与时延的正确性。仿真器允许用户脱离硬件仅对设计逻辑进行仿真，这大大减少了仿真时间。用户在对整个工程仿真时不需要考虑需要几个器件。

MAX+plus Ⅱ 的仿真器允许的仿真操作方式有两种：人机交互方式和批处理方式。前者允许用户在界面进行仿真操作，后者从专门的命令文件中提取仿真命令。

根据仿真文件的不同，仿真分为三种方式：

(1) 功能仿真。功能仿真文件在逻辑综合、器件划分、适配之前形成。仿真器对工程中的所有节点进行仿真，输出电平与输入矢量同时变化，而不计由于器件的物理结构造成的延时，输出结果只能进行逻辑验证。

(2) 时序仿真。时序仿真只对逻辑综合后还符合规则的节点进行仿真，要考虑器件的物理结构造成的延时。

(3) 连接仿真。连接仿真对多个工程一起进行仿真。其中包括一个顶层工程和多个子工程。连接仿真既可进行功能仿真，又可进行时序仿真。

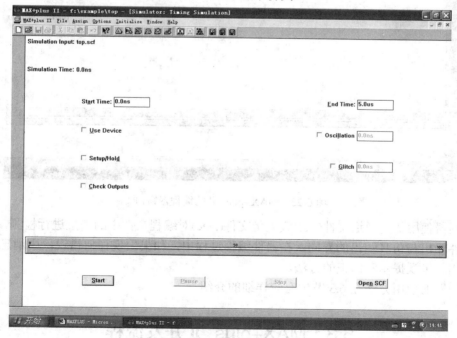

图 6-22　MAX+plus Ⅱ 的仿真器窗口

仿真器以输入矢量文件和仿真通道文件(.scf)作为输入文件。利用波形编辑器可以直接将上述三种文件转换为仿真通道文件。仿真通道文件中可以存放期望的输出结果，或者上次仿真的结果，或者实际的器件输出结果，这样方便比较两次仿真结果的异同。在仿真过程中或仿真结束后，可以使用波形编辑器查看仿真通道文件的变化。仿真结果可以保存在表文件(.tbl)中。

仿真器的使用方法在 6.3 节中有较详细的介绍。

### 6.2.9　编程器

选择 MAX+plus Ⅱ→Programmer 选项，即可打开编程器窗口，如图 6-23 所示。它的主要作用是对 Altera 公司的系列 PLD 进行编程、校验、检测、空检测等。对器件进行编程还需要相关的硬件设备，它们包括专用的编程单元盒、编程适配器、下载电缆等。编译器对工程编译后形成编程文件，编程器使用这些编程文件对器件进行编程。编程前可以检测器件是否为空，之后还可检测器件中的下载内容与编程文件中的是否一致。

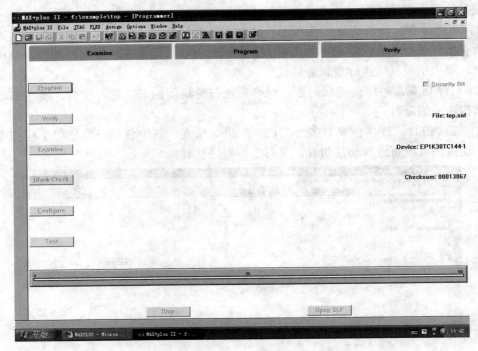

图 6-23　MAX+plus Ⅱ的编程器窗口

编程器使用仿真通道文件(.scf)或矢量文件(.vec)对编程文件中的矢量进行检测，查看实际的器件输出与仿真输出的异同。在器件编程过程中，如果出现任何错误，则消息处理器会给出相关错误提示和纠正的方法。

编程器的使用方法在 6.3 节中有较详细的介绍。

## 6.3　MAX+plus Ⅱ开发流程

使用 MAX+plus Ⅱ进行可编程逻辑器件开发主要包括四个阶段：设计输入、编译处理、验证(包括功能仿真、时序仿真、定时分析)和器件编程，如图 6-24 所示。

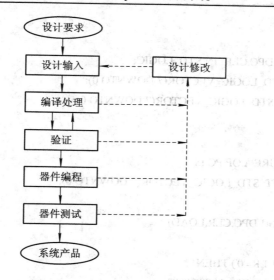

图 6-24　MAX+plus Ⅱ的设计流程

　　以下通过一个简单示例完整的设计和测试过程，来介绍 Altera 公司的 EDA 软件 MAX+plus Ⅱ的使用。

　　此例分四个模块，即 pc.vhd、ls273.vhd、rom.vhd 和 top.gdf。其中 pc.vhd、ls273.vhd 和 rom.vhd 是用 VHDL 编写的，top.gdf 则是原理图，即本例以原理图方式表示的顶层设计文件。图中将 pc.vhd、ls273.vhd 和 rom.vhd 作为元件进行调用。PC 是一个 8 位的二进制计数器；LS273 是一个 8 位的寄存器；ROM 是一个有 8 个地址输入端和 8 个数据端的只读存储器。顶层文件 top.gdf 则将 PC、LS273 和 ROM 组装起来构成一个完整的设计实体。

　　首先为工程建立一个目录，如 f:\example，然后通过 Windows XP 的【开始】菜单进入 MAX+plus Ⅱ集成环境。

## 6.3.1　设计输入

### 1. 创建源程序 pc.vhd

　　程序 6-1 的 pc.vhd 是 8 位二进制计数器的 VHDL 源程序，其内容作为访问只读存储器 ROM 的程序计数器。按屏幕上方的按钮 ，或者选择菜单 "File" → "New"，出现如图 6-25 所示的对话框，在框中选中 "Text Editor file"，按 "OK" 按钮，即选中了文本编辑方式。在出现的 "Untitled-Text Editor" 文本编辑窗中输入程序 6-1。

【程序 6-1】

```
LIBRARY IEEE;
USE IEEE.STD_LOGIC_1164.ALL;
USE IEEE.STD_LOGIC_ARITH.ALL;
USE IEEE.STD_LOGIC_UNSIGNED.ALL;
```

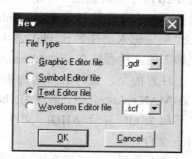

图 6-25　New 对话框

```
ENTITY PC IS
PORT(
      LOAD,LDPC,CLR: IN STD_LOGIC;
      D: IN STD_LOGIC_VECTOR(7 DOWNTO 0);
      O: OUT STD_LOGIC_VECTOR(7 DOWNTO 0)
      );
END PC;
ARCHITECTURE A OF PC IS
SIGNAL QOUT: STD_LOGIC_VECTOR(7 DOWNTO 0);
BEGIN
      PROCESS(LDPC,CLR,LOAD)
      BEGIN
          IF(CLR='0') THEN
              QOUT<="00000000";
          ELSIF(LDPC'EVENT AND LDPC='1') THEN
              IF(LOAD='0') THEN
                  QOUT<=D;          --BUS->PC
              ELSE
                  QOUT<=QOUT+1; --PC+1
              END IF;
          END IF;
      END PROCESS;
      O<=QOUT;
  END A;
```

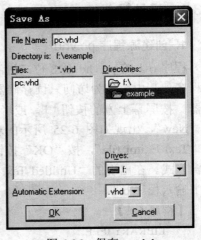

图 6-26　保存 pc.vhd

　　输入完毕后，选择菜单"File→Save"，即出现如图 6-26 所示的对话框。首先在"Directories"目录中选择存放本文件的目录 f:\example，然后在"File Name"框中输入文件名 pc.vhd，然后按"OK"按钮，即把输入的文件存放在目录 f:\example 中了。

　　要注意的是，文件的后缀将决定使用的语言形式。在 MAX+plus Ⅱ中，后缀为.vhd 表示 VHDL 文件；后缀为.tdf 表示 AHDL 文件；后缀为.v 表示 Verilog 文件。

　　文件存盘后，为了能在图形编辑中调用 PC，需要为 PC 创建一个元件图形符号。选择菜单"File"→"Create Default Symbol"，MAX+plus Ⅱ出现如图 6-27 所示的对话框，询问是否将当前工程设为 PC，可按下"确定"按钮。这时 MAX+plus Ⅱ调出编译器对 pc.vhd 进行编译，编译后生成 PC 的图形符号。如果源程序有错，则对源程序进行修改，然后重复上面的步骤，直到此元件符号创建成功。创建成功后会出现如图 6-28 所示的对话框。退出编译器，再退出编辑器，回到主窗口。

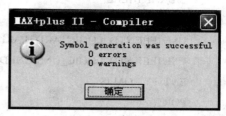

图 6-27　询问是否改变当前的工程为文件"pc.vhd"　　　　图 6-28　元件符号创建成功

## 2. 创建源程序 ls273.vhd

ls273.vhd 完成 8 位地址锁存器的功能，其输出作为 8 位的存储器地址用来访问只读存储器 ROM。ls273.vhd 及其元件符号的创建过程同上，即重复"1.创建源程序 pc.vhd"的全过程即可，文件存放在同一目录 f:\example 内，其源程序如程序 6-2 所示：

【程序 6-2】

```
LIBRARY IEEE;
USE IEEE.STD_LOGIC_1164.ALL;
ENTITY LS273 IS
PORT(
        D: IN STD_LOGIC_VECTOR(7 DOWNTO 0);
        CLK: IN STD_LOGIC;
        O: OUT STD_LOGIC_VECTOR(7 DOWNTO 0)
        );
END LS273;
ARCHITECTURE A OF LS273 IS
BEGIN
        PROCESS(CLK)
        BEGIN
            IF(CLK'EVENT AND CLK='1') THEN
                    O<=D;
            END IF;
           END PROCESS;
        END A;
```

## 3. 创建源程序 rom.vhd

rom.vhd 为一个带有 8 位地址输入和 8 位数据输出的只读存储器，当片选信号 CS 有效时(CS 为低电平有效)，根据 8 位的地址输入，输出该地址中存放的 8 位数据。rom.vhd 及其元件符号的创建过程同上，即重复"1.创建源程序 pc.vhd"的全过程即可，文件存放在同一目录 f:\example 内，其源程序如程序 6-3 所示。

【程序 6-3】

```
LIBRARY IEEE;
USE IEEE.STD_LOGIC_1164.ALL;
USE IEEE.STD_LOGIC_ARITH.ALL;
USE IEEE.STD_LOGIC_UNSIGNED.ALL;
ENTITY ROM IS
PORT(
        DOUT:OUT STD_LOGIC_VECTOR(7 DOWNTO 0);
        ADDR:IN STD_LOGIC_VECTOR(7 DOWNTO 0);
        CS:IN STD_LOGIC
        );
END ROM;
ARCHITECTURE A OF ROM IS
BEGIN
        DOUT<="10000000" WHEN ADDR="00000000" AND CS='0' ELSE
            "10010001" WHEN ADDR="00000001" AND CS='0' ELSE
            "00000001" WHEN ADDR="00000010" AND CS='0' ELSE
            "10010010" WHEN ADDR="00000011" AND CS='0' ELSE
            "00000000" WHEN ADDR="00000100" AND CS='0' ELSE
            "10100001" WHEN ADDR="00000101" AND CS='0' ELSE
            "10110000" WHEN ADDR="00000110" AND CS='0' ELSE
            "00001101" WHEN ADDR="00000111" AND CS='0' ELSE
            "11000110" WHEN ADDR="00001000" AND CS='0' ELSE
            "11010001" WHEN ADDR="00001001" AND CS='0' ELSE
            "11010001" WHEN ADDR="00001010" AND CS='0' ELSE
            "11100000" WHEN ADDR="00001011" AND CS='0' ELSE
            "00000101" WHEN ADDR="00001100" AND CS='0' ELSE
            "11111000" WHEN ADDR="00001101" AND CS='0' ELSE
            "11100000" WHEN ADDR="00001110" AND CS='0' ELSE
            "00001101" WHEN ADDR="00001111" AND CS='0' ELSE
            "00000000";
END A;
```

### 4. 创建源程序 top.gdf

top.gdf 是本项示例的最顶层的图形设计文件，调用了前面创建的三个功能元件，将 pc.vhd、ls273.vhd 和 rom.vhd 三个模块组装起来，成为一个完整的设计。

选择菜单 "File" → "New"，在如图 6-25 所示的对话框中选择 "Graphic Editor File"，按 "OK" 按钮，即出现图形编辑器窗口 Graphic Editor。现按照以下给出的方法在 "Graphic Editor" 中绘出如图 6-29 所示的原理图。

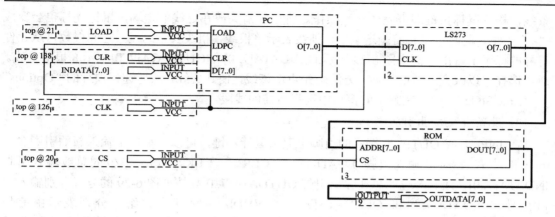

图 6-29　顶层设计原理图

1) 往图中添加元件

先在图形编辑器(原理图编辑器)"Graphic Editor"中的任何位置双击鼠标，将出现如图 6-30 所示的"Enter Symbol"对话框。通过鼠标选择一个元件符号，或直接在"Symbol Name"框中输入元件符号名(元件符号名与原 VHDL 文件中的实体名相同)。按"OK"按钮后，选中的元件符号立即出现在图形编辑器中的双击鼠标的位置上。

现在"Symbol Files"窗中已有三个元件符号 PC、LS273 和 ROM(如果没有，可用鼠标双击"Symbol Libraries"窗口内的 f:\example 目录即可，因为刚才输入并编译过的三个 VHDL 文件都在此目录中)，即为刚才输入的三个 VHDL 文件所对应的元件符号，元件名与对应的 VHDL 文件名是一样的。用鼠标选择其中一个元件，再选"OK"，此元件即进入原理图编辑器，然后重复此过程，将第二个、第三个元件调入原理图编辑器。用鼠标按在元件上拖动，即可移动元件，按图 6-29 所示排好它们的位置。

接着可为元件 PC、LS273 和 ROM 接上输入输出接口。输入输出接口符号名为"INPUT"和"OUTPUT"，它们在库"prim"中，即在图 6-30 所示的 c:\maxplus2\max2lib\prim 的目录内，用鼠标双击它，即可在"Symbol Files"子窗口中出现许多元件符号，选择"INPUT"和"OUTPUT"元件进入原理图编辑器。当然也可以直接在"Symbol Name"文本框中输入"INPUT"或"OUTPUT"，然后 MAX+plus Ⅱ会自动搜索所有的库，找到 INPUT 和 OUTPUT 元件符号。

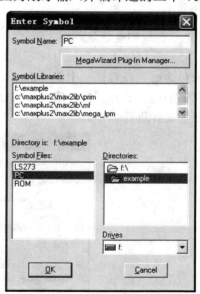

图 6-30　输入元件

2) 在符号之间进行连线

先按如图 6-29 的方式，放好输入/输出元件符号，再将鼠标箭头移到符号的输入/输出引脚上，此时鼠标箭头形状会变成"+"字形，然后可以按着鼠标左键并拖动鼠标，绘出一条线，松开鼠标按键即可完成一次操作。将鼠标箭头放在连线的一端，鼠标光标也会变成"+"字形，此时可以接着画这条线。细线表示单根线，粗线表示总线，它的根数可从元件符号的标示上看出，例如图 6-29 所示的 INDATA[7..0]和 OUTDATA[7..0]表示 8 根信号线。通过选择可以改变连线的性质，方法是先点击该线，使其变红，然后选择顶行的"Options"→"Line Style"，即可在弹出的窗口中选择所需的线段。

3) 设置输入/输出引脚名

在 INPUT 或 OUTPUT 符号的引脚上双击鼠标左键，可以在端口上输入新的引脚名。top.gdf 中有 1 位的输入引脚 LOAD、CS、CLR 和 CLK，以及 8 位的总线输入引脚 INDATA[7..0]，还有 8 位的总线输出引脚 OUTDATA[7..0]。按如图 6-29 的方式分别输入端口符号。INDATA[7..0]和 OUTDATA[7..0]在 VHDL 中是一个数组，分别表示由信号 INDATA7～INDATA0 和 OUTDATA7～OUTDATA0 组成的总线信号(这里，例如分量 INDATA7 是 AHDL 的表示方法，它对应 VHDL 的 INDATA(7))。实际上，这里总共有 12 个输入引脚和 8 个输出引脚。完成的顶层原理图设计如图 6-29 所示。最后选择"File"→"Save"菜单，将文件名 top.gdf 填入"File Name"后存入同一目录中。

## 6.3.2　编译处理与仿真

### 1. 编译 top.gdf

在编译 top.gdf 之前，需要设置此文件为顶层文件(最上层文件)，或称工程文件(项目文件)。选择菜单"File"→"Project"→"Set Project to Crurrent File"，当前的工程即被设为 top(此名在最初是任选的)。

然后选择用于编程的目标芯片。选择菜单"Assign"→"Device…"，弹出如图 6-31 所示的对话框。在对话框中的"Device Family"下拉栏中选择 ACEX1K，然后在"Devices"列表框中选择芯片型号"EP1K30TC144-1"，按"OK"。单击工具栏中的编译器快捷按钮，对顶层文件进行编译。

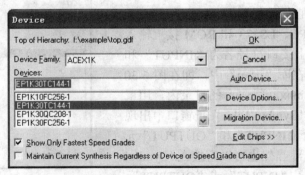

图 6-31　选择用于编程的目标芯片

接着确定引脚。选择菜单"Assign"→"Pin/Location/Chip…"弹出如图 6-32 所示的对话框来设置引脚。在"Node Name"右边的文本框中输入引脚名。注意，引脚必须一个一个地确定。也可点击图 6-32 中的 Search 按钮，在弹出的窗口中 Node Name 输入项的右边有一个 List 按钮，点击此按钮，会列出顶层文件包含的所有输入输出引脚名，如图 6-33 所示。

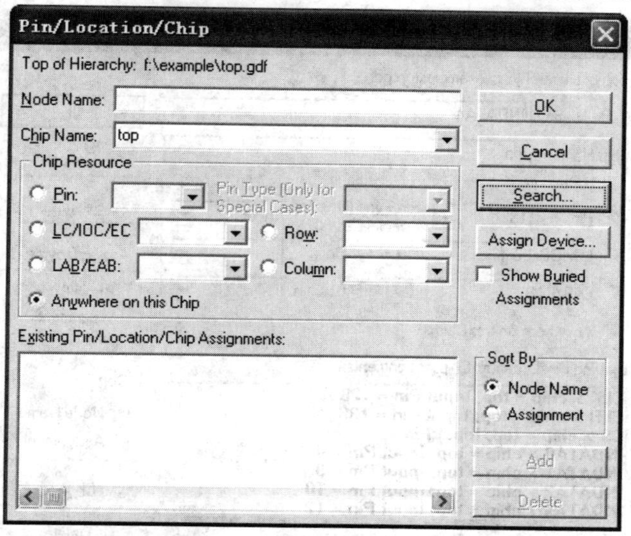

图 6-32 芯片引脚的设置

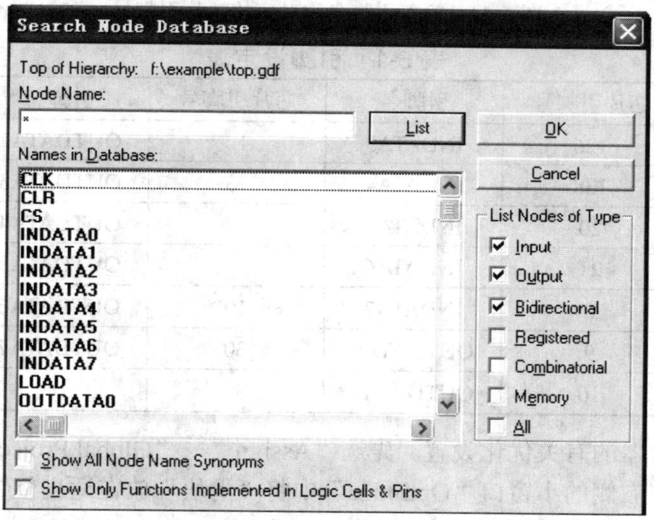

图 6-33 列出顶层文件节点数据库中的所有引脚名称

　　选择其中一个引脚名称，点击 OK 按钮，然后在图 6-34 的"Pin:"右边的下拉栏中选择芯片引脚号(也可直接输入)，然后按下"Add"按钮，就会在下面的子窗口中出现引脚设定说明，当前的一个引脚设置即加到了列表中。如果是总线形式的引脚名，也应当分别写出总线中的每个信号，例如，INDATA[7..0]就应当分别写成 INDATA7、INDATA6、…、INDATA0 共 8 个引脚名。引脚定义设定可按照表 6-1 的方式来定义。

　　全部设定结束后，按"OK"键，然后开始编译和综合。选择"MAX+plusII"→"Compiler"菜单，可运行编译器(此编译器将一次性完成编译、综合、优化、逻辑分割和适配/布线等操作)，此时将出现如图 6-21 所示的界面。现在首先设定 VHDL 版本，选择如图 6-21 所示界面上方的"Interfaces"→"VHDL Netlist Reader Settings"，在弹出的窗口中选"VHDL'93"，这样，编译器将支持 93 版本的 VHDL 语言。

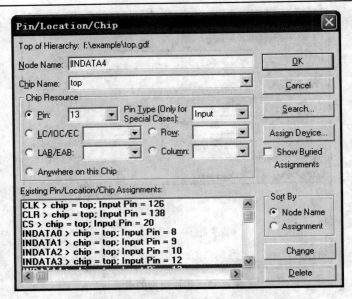

图 6-34　输入引脚名和对应的芯片引脚号

### 表 6-1　引脚设定表

| 引脚名 | 芯片引脚号 | 引脚名 | 芯片引脚号 | 引脚名 | 芯片引脚号 |
|---|---|---|---|---|---|
| CLK | 126 | INDATA3 | 12 | OUTDATA2 | 32 |
| CLR | 138 | INDATA4 | 13 | OUTDATA3 | 33 |
| CS | 20 | INDATA5 | 17 | OUTDATA4 | 36 |
| LOAD | 21 | INDATA6 | 18 | OUTDATA5 | 37 |
| INDATA0 | 8 | INDATA7 | 19 | OUTDATA6 | 38 |
| INDATA1 | 9 | OUTDATA0 | 30 | OUTDATA7 | 39 |
| INDATA2 | 10 | OUTDATA1 | 31 | | |

　　下面进行综合器的有关优化设置。先选"Assign"→"Global Project Logic Synthesis"，进入此窗口后，在右侧的小窗口"Optimize"中将"滑块"放在适当位置。"滑块"位置越靠左(Area)，综合后的芯片资源利用率越高；越靠右(Speed)，运行速度越快，但它是以耗用芯片资源为代价的。若为 CPLD 目标器件，则要对窗口中间的"MAX Device Synthesis Options"作相应的选择。然后点击"Define Synthesis Style"，选综合方式(Style)为"Normal"；"Minimization"可选"Full"；"Slow Slew Rate"可根据需要选择，若希望减少 I/O 输出口的信号噪声，则可选此项，但这是以牺牲信号速度为代价的；对于 7128S，可选"XOR Synthesis"，这对于某些组合逻辑有很好的优化功能。选好后，点击"OK"，关闭"Define Synthesis Style"窗口。在"Global Project Logic Synthesis"窗口中点击"OK"，关闭此窗口。

　　最后在"Compiler"窗口中按下"Start"按钮，启动编译过程，直到编译结束。如果源程序有错误，用鼠标双击红色的错误信息即可返回图形或文本编辑器进行修改，然后再次编译，直到通过。通过后双击"Fitter"下的"rpt"标记，即可进入适配报告，以便了解适配情况，然后了解引脚的确定情况是否与以上设置一致。最后关闭编译器。

### 2. 仿真顶层设计 top

　　MAX+plus Ⅱ支持功能仿真和时序仿真两种形式。功能仿真用于大型设计编译适配之前的仿真，而时序仿真则是在编译适配生成时序信息文件之后进行的仿真。仿真首先要建立波形文件。选择菜单"File"→"New"，在出现的"New"对话框中选择"Waveform Editor file"，按"OK"后将出现波形编辑器子窗口，如图 6-20 所示。或者选择"MAX+plus Ⅱ"→"Waveform Editor"选项，直接进入波形编辑器子窗口。选择菜单"Node"→"Enter Nodes from SNF…"，出现如图 6-35 所示的选择信号节点对话框。按右上侧的"List"按钮，左边的列表将立即列出所有可以选择的信号节点，其中有单信号形式的，也有总线形式的，然后按右侧的"=>"按钮，将左边列表框中的节点 LOAD[I]、CS[I]、CLR[I]、CLK[I]、INDATA[7..0](I)、OUTDATA[7..0](O)、|pc:1|O(B)和|ls273:2|O(B)分别选中到右边的列表框。其中 LOAD[I]的"[I]"表示输入引脚，"LOAD"为引脚名；OUTDATA[7..0](O)的"(O)"表示输出引脚，"OUTDATA"为引脚名，"[7..0]"表示 8 位的总线信号；|pc:1|O(B)的"| |"表示顶层电路 top 中的内部器件，"(B)"表示总线信号，"pc"为器件名，":1"表示器件 pc 是第 1 个调入到顶层电路 top 中的图元，"O"表示器件 pc 的"O"端口(pc 的"O"端口在器件 pc 的 VHDL 描述中定义为该器件的输出端)。其他节点名的含义与之相似。将需要仿真的节点名分别选中到右边的列表框后，按"OK"按钮后，选中的信号将出现在波形编辑器中。其中当 LOAD 为"1"，且 CLK 为上升沿时，程序计数器 PC 加 1；当 LOAD 为"0"，且 CLK 为上升沿时，将 INDATA[7..0]送入程序计数器 PC，作为计数器的初值；当 CLR 为"0"时，PC 被强制清"0"；CS 为 ROM 存储器的片选信号控制端，只有 CS 为"0"，ROM 才有数据输出；OUTDATA[7..0]为 ROM 的 8 位数据输出端。最后通过菜单"File"→"Save"在弹出的窗口中将波形文件存在以上的同一目录中，文件取名为 top.scf。

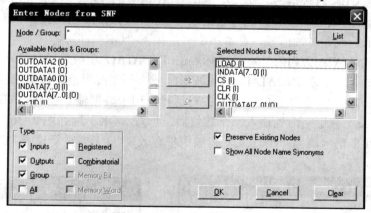

图 6-35　往波形编辑中添加信号节点

　　系统默认的仿真时间为 1 us，如果希望延长仿真时间，可以作一些设置，即在图 6-36 的波形编辑窗口打开的情况下，选择"File"→"End Time"，在弹出的窗口中设置仿真结束时间，例如 5 us，按"OK"按钮后返回到波形编辑器。按集成环境窗口左边的按钮 🔍 可以缩小波形显示，以便在仿真时能够浏览波形全貌。按集成环境窗左边的按钮 🔍 可以放大波形显示，以便在仿真时能够清晰地观测波形的局部变化。

　　首先设置 LOAD 信号。用鼠标点 LOAD 信号的 Value 区域，可以将 LOAD 选中，这时

LOAD 的波形区域全部变成黑色。按集成环境窗左边上的置"1"按钮 **1**，LOAD 的值将被置为"1"；

　　然后设置 CS 信号。用鼠标点 CS 信号的 Value 区域，可以将 CS 选中，这时 CS 的波形区域全部变成黑色。按集成环境窗左边上的清"0"按钮 **0**，CS 的值将被清为"0"；

　　再设置 CLR 信号。采用与设置 LOAD 信号相同的方法将 CLR 的值置为"1"，然后用鼠标左键点击 CLR 的 0～100 ns 区域内的任何一处并往后移至 100 ns～200 ns 区域内的任何一处，再松手。此时 CLR 的 0～200 ns 区域全部变成黑色。按集成环境窗左边上的清"0"按钮 **0**，CLR 在 0～200 ns 区域的值将被清为"0"，如图 6-36 所示。

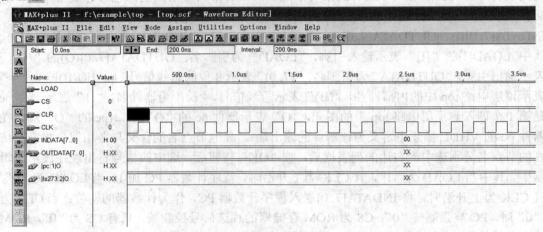

图 6-36　设置了信号的波形编辑器

　　接着再设置 CLK 时钟信号。用鼠标点击 CLK 信号的 Value 区域，可以将 CLK 选中，这时 CLK 的波形区域全部变成黑色。按集成环境窗左边的时钟按钮 **XC**，出现如图 6-37 所示的对话框，用于设置时钟信号，在本例中只需按下"OK"即可。

　　最后设置 INDATA[7..0]信号。用鼠标点击 INDATA[7..0]信号的 Value 区域，可以将 INDATA[7..0]选中，这时 INDATA[7..0]的波形区域全部变成黑色。按集成环境窗左边的总线数据设置按钮 **XC**，出现如图 6-38 所示的对话框，用于数据输入端 INDATA[7..0]的设置，在"Group Value"右边空白处输入一个数值后，再按"OK"返回图 6-36。在本例中由于 PC 的初值由 CLR 信号清为"0"(CLR 为低电平有效)，故无需重新设置 PC 的值，可直接跳过此步操作。

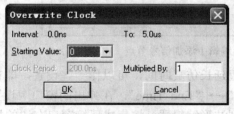

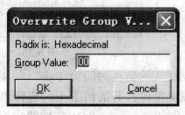

图 6-37　设置时钟信号　　　　　　　　图 6-38　设置输入数据

　　接下去是运行仿真器(Simulator)。点击工具栏上的波形仿真快捷按钮 **图**，出现如图 6-39 所示的波形仿真器子窗口。按下"Simulator"子窗口中的"Start"按钮，即可进行时序仿真(注意，在启动仿真时，波形文件必须已经具备有效的文件名，即必须已存盘)。时序仿真结束后出现如图 6-40 所示的对话框。对话框中显示"0 errors, 0 warnings"，表示仿真运行结束。时序仿真波形结果如图 6-41 所示，通过观察仿真得到的波形和相应的结果，可以确认设计是否正确。

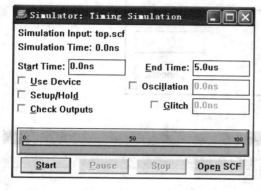

图 6-39　仿真参数设置与仿真启动窗　　　　　图 6-40　仿真计算结束对话框

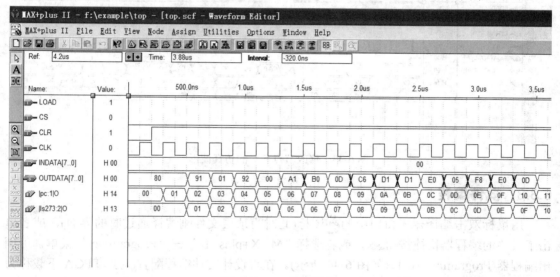

图 6-41　top 仿真结果

　　注意：波形观察窗左排按钮是用于设置输入信号的，十分方便。使用时先用鼠标在输入波形上拖出一个需要改变的黑色区域，然后点击左排按钮，其中"0"、"1"、"X"、"Z"、"INV"、"G"分别表示低电平、高电平、任意、高阻态、反相和总线数据设置。

　　在观察和分析仿真波形时，为了使节点的名称更加清晰，可通过如下方法修改节点名。比如双击节点名Ipc:1IO，出现如图 6-42 所示的对话框，在"Group Name"中输入修改后的节点名"PC"，点击"OK"按钮，节点名修改成功。其他节点名的修改过程与之相同。若将节点名IIs273:2IO 修改为"AR"，修改节点后的仿真波形如图 6-43 所示。为了更加直观地标识器件名称，节点名也可以使用汉字。在图 6-42 中，通过选择"Radix"中的"BIN"、"OCT"、"DEC"或"HEX"，可定义 PC 的值在仿真波形图中以二进制、八进制、十进制或十六进制的形式显示。

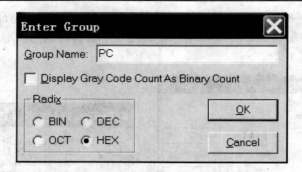

图 6-42　节点名修改对话框

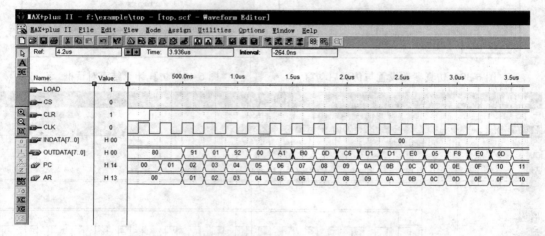

图 6-43　修改节点名后的仿真波形

### 6.3.3　器件编程

用鼠标双击编译器子窗口中的图标(此时为顶层文件刚编译通过时的界面)，或者单击工具栏的编程器快捷按钮，或者选择"MAX+plus Ⅱ"→"Programmer"菜单，可调出编程器(Programmer)窗口(如图 6-44 所示)。在将设计文件编程配置(对此 FPGA 下载称为配置)进硬件芯片前，需连接好硬件测试系统。

在图 6-44 编程器子窗口出现的状态下，选择管理器窗口中菜单栏的"Options"→"Hardware Setup"，会弹出如图 6-45 所示的对话框，此对话框用于选择编程器型号，以便调用正确的编程器驱动程序。如果用 FLEX 或 ISP 型 MAX 系列器件，通常选择"ByteBlaster"编程器。"ByteBlaster"实际上是指连接在并行打印机口时使用的下载电缆。如图 6-45 所示，在 Hardware Type 下拉菜单中选择 ByteBlaster，按"OK"即可。如果以前在使用 MAX+plus Ⅱ时曾设置过此项，那么系统中将始终保留此设置。

本例使用 ACEX1K 系列中的 EP1K30TC144-1 芯片。一切连接就绪后，方可按下编程器窗口中的"Configure"按钮，若一切无误，则可将所设计的内容下载到 EP1K30TC144-1 芯片中。下载成功后将在一个弹出窗口中显示"Configuration Complete"。接下去就可以在实验系统上进行实验验证。

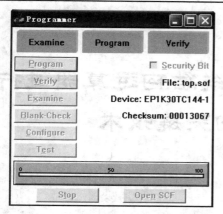

图 6-44　编程器子窗口

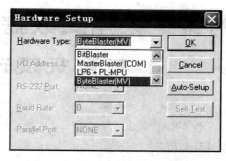

图 6-45　编程器型号设置对话框

# 附录　采用三数据总线结构运算器进行模型机设计的关键技术

1. 程序功能

输入包含 6 个整数（有符号数）的数组，将其依次存入 RAM 的某一连续存储区域，再依次从 RAM 中读出这些数，求这些数的和并输出显示。模型机的数据通路框图如图 2-2 所示。

2. 指令格式和指令系统

### 附表 1　指令格式和指令系统

| 指令助记符 | 指令格式 | | | | 功　能 |
|---|---|---|---|---|---|
| | 15--12 | 11 10 | 9　8 | 7-----------0 | |
| IN1 Rd | 0001 | ×× | Rd | ×××××××× | 输入设备→Rd |
| MOV Rd,im | 0010 | ×× | Rd | im | 立即数→Rd |
| LAD (Rs),Rd | 0011 | Rs | Rd | ×××××××× | ((Rs))→Rd |
| ADD Rs,Rd | 0100 | Rs | Rd | ×××××××× | (Rs)+(Rd)→Rd，锁存标志位 |
| INC Rd | 0101 | ×× | Rd | ×××××××× | (Rd)+1→Rd，锁存标志位 |
| DEC Rd | 0110 | ×× | Rd | ×××××××× | (Rd)-1→Rd，锁存标志位 |
| JNZ addr | 0111 | ×× | ×× | addr | 若不等，则 addr→PC |
| STO Rs,addr | 1000 | Rs | ×× | addr | (Rs)→addr |
| JMP addr | 1001 | ×× | ×× | addr | addr→PC |
| OUT1 Rs | 1010 | Rs | ×× | ×××××××× | (Rs)→输出设备 |
| STOI Rs,(Rd) | 1011 | Rs | Rd | ×××××××× | (Rs)→(Rd) |

3. 汇编语言源程序和机器语言源程序

**附表2 汇编语言源程序和机器语言源程序**

| 地 址<br>(十六进制) | 汇编语言源程序 | 机器语言源程序<br>(二进制) | 机器语言源程序<br>(十六进制) |
|---|---|---|---|
| 00 | MOV R1,11H | 0010000100010001 | 2111 |
| 01 | MOV R2,6H | 0010001000000110 | 2206 |
| 02 | L0: IN1 R0 | 0001000000000000 | 1000 |
| 03 | STOI R0,(R1) | 1011000100000000 | B100 |
| 04 | INC R1 | 0101000100000000 | 5100 |
| 05 | DEC R2 | 0110001000000000 | 6200 |
| 06 | JNZ L0 | 0111000000000010 | 7002 |
| 07 | MOV R0,0 | 0010000000000000 | 2000 |
| 08 | MOV R1,11H | 0010000100010001 | 2111 |
| 09 | MOV R2,6H | 0010001000000110 | 2206 |
| 0A | L1: LAD (R1),R3 | 0011011100000000 | 3700 |
| 0B | ADD R3,R0 | 0100110000000000 | 4C00 |
| 0C | INC R1 | 0101000100000000 | 5100 |
| 0D | DEC R2 | 0110001000000000 | 6200 |
| 0E | JNZ L1 | 0111000000001010 | 700A |
| 0F | STO R0,10H | 1000000000010000 | 8010 |
| 10 | END: OUT1 R0 | 1010000000000000 | A000 |
| 11 | JMP END | 1001000000010000 | 9010 |

**4. 微程序流程图**

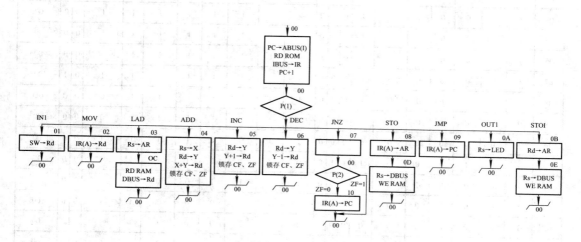

附图1 微程序流程图

**5. CPU 操作流程图**

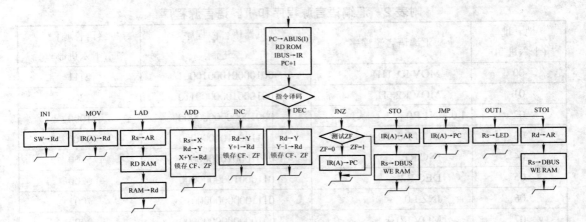

附图 2　CPU 操作流程图

## 6. 微指令格式和微指令列表

| LOAD | LDPC | LDAR | LDIR | LDRi | LDPSW | Rs_B | S2 | S1 | S0 | ALU_B | SW_B | LED_B | RD_B | CS_D | RAM_B | CS_I | ADDR_B | P1 | P2 | uA5～uA0 |
|---|---|---|---|---|---|---|---|---|---|---|---|---|---|---|---|---|---|---|---|---|
| | | | | | | | | | | | | | | | | | | | | |

└──────────────────── 操作控制字段 ────────────────────┘　　└─ 顺序控制字段 ─┘

附图 3　微指令格式

### 附表 3　微指令列表

| 微地址 | LOAD | LDPC | LDAR | LDIR | LDRI | LDPSW | Rs_B | S2 | S1 | S0 | ALU_B | SW_B | LED_B | RD_D | CS_D | RAM_B | CS_I | ADDR_B | P1 | P2 | uA5～uA0 |
|---|---|---|---|---|---|---|---|---|---|---|---|---|---|---|---|---|---|---|---|---|---|
| 00 | 1 | 1 | 0 | 1 | 0 | 0 | 1 | 0 | 0 | 0 | 1 | 1 | 1 | 1 | 1 | 1 | 0 | 1 | 1 | 0 | 00 |
| 01 | 1 | 0 | 0 | 0 | 1 | 0 | 1 | 0 | 0 | 0 | 1 | 0 | 1 | 1 | 1 | 1 | 1 | 1 | 0 | 0 | 00 |
| 02 | 1 | 0 | 0 | 0 | 1 | 0 | 1 | 0 | 0 | 0 | 1 | 1 | 1 | 1 | 1 | 1 | 0 | 1 | 0 | 0 | 00 |
| 03 | 1 | 0 | 1 | 0 | 0 | 0 | 0 | 0 | 0 | 0 | 1 | 1 | 1 | 1 | 1 | 1 | 1 | 1 | 0 | 0 | 0C |
| 04 | 1 | 0 | 0 | 0 | 1 | 1 | 1 | 0 | 0 | 0 | 0 | 1 | 1 | 1 | 1 | 1 | 1 | 1 | 0 | 0 | 00 |
| 05 | 1 | 0 | 0 | 0 | 1 | 1 | 1 | 0 | 1 | 0 | 1 | 1 | 1 | 1 | 1 | 1 | 1 | 1 | 0 | 0 | 00 |
| 06 | 1 | 0 | 0 | 0 | 1 | 1 | 1 | 0 | 1 | 1 | 1 | 1 | 1 | 1 | 1 | 1 | 1 | 1 | 0 | 0 | 00 |
| 07 | 1 | 0 | 0 | 0 | 0 | 0 | 1 | 0 | 0 | 0 | 1 | 1 | 1 | 1 | 1 | 1 | 1 | 1 | 0 | 1 | 00 |
| 08 | 1 | 0 | 1 | 0 | 0 | 0 | 1 | 0 | 0 | 0 | 1 | 1 | 1 | 1 | 1 | 1 | 1 | 1 | 0 | 0 | 0D |
| 09 | 0 | 1 | 0 | 0 | 0 | 0 | 1 | 0 | 0 | 0 | 1 | 1 | 1 | 1 | 1 | 1 | 1 | 0 | 0 | 0 | 00 |
| 0A | 1 | 0 | 0 | 0 | 0 | 0 | 0 | 0 | 0 | 0 | 1 | 1 | 1 | 0 | 1 | 1 | 1 | 1 | 0 | 0 | 00 |
| 0B | 1 | 0 | 1 | 0 | 0 | 0 | 1 | 1 | 1 | 0 | 1 | 1 | 1 | 1 | 1 | 1 | 1 | 1 | 0 | 0 | 0E |
| 0C | 1 | 0 | 0 | 0 | 1 | 0 | 1 | 0 | 0 | 0 | 1 | 1 | 1 | 0 | 0 | 1 | 1 | 1 | 0 | 0 | 00 |
| 0D | 1 | 0 | 0 | 1 | 0 | 0 | 0 | 0 | 0 | 0 | 1 | 1 | 1 | 0 | 1 | 1 | 1 | 1 | 0 | 0 | STOI |
| 0E | 1 | 0 | 0 | 0 | 0 | 0 | 0 | 0 | 0 | 0 | 1 | 1 | 1 | 1 | 1 | 1 | 1 | 0 | 0 | 0 | 00 |
| 10 | 0 | 1 | 0 | 0 | 0 | 0 | 1 | 0 | 0 | 0 | 1 | 1 | 1 | 1 | 1 | 1 | 1 | 0 | 0 | 0 | 00 |

7. CISC 模型机顶层电路图，CISC 模型机顶层电路图如附图 4 所示。

8. RISC 模型机顶层电路图，RISC 模型机顶层电路图如附图 5 所示。

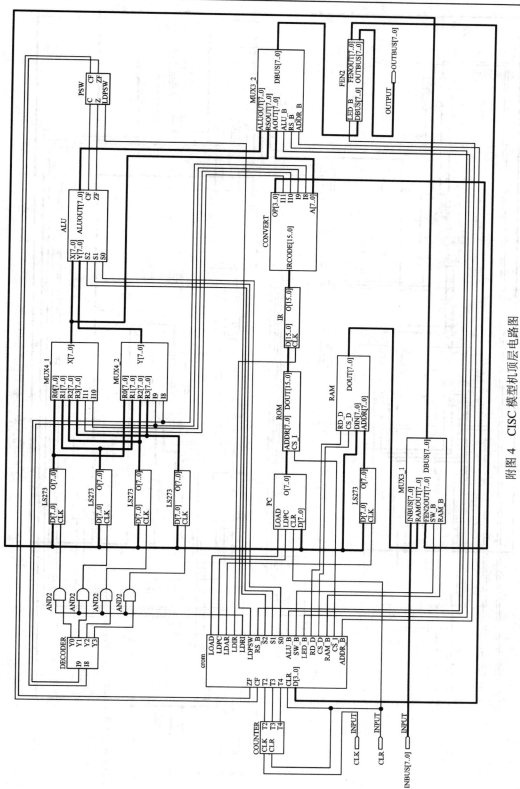

附图 4　CISC 模型机顶层电路图

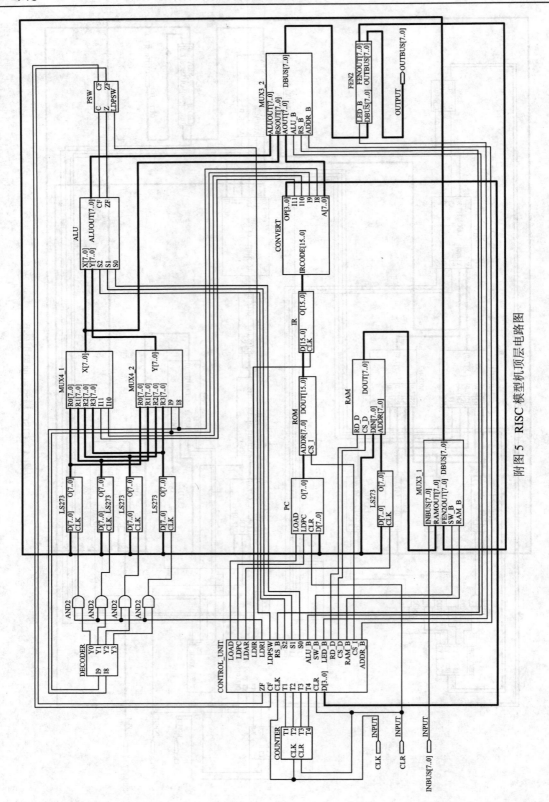

附图 5 RISC 模型机顶层电路图

## 9. 主要单元电路功能表和存储器操作时序图

### 附表 4　算术逻辑运算单元 ALU 的功能表

| S2 | S1 | S0 | 功　能 |
|----|----|----|------|
| 0 | 0 | 0 | X+Y，修改 CF 和 ZF |
| 0 | 0 | 1 | X-Y，修改 CF 和 ZF |
| 0 | 1 | 0 | X+1，修改 CF 和 ZF |
| 0 | 1 | 1 | X-1，修改 CF 和 ZF |
| 1 | 0 | 0 | X∧Y，修改 CF 和 ZF |
| 1 | 0 | 1 | X∨Y，修改 CF 和 ZF |
| 1 | 1 | 0 | Y |

### 附表 5　4 选 1 多路选择器 MUX4_1 所完成的功能

| 输　入 | | 输　出 |
|----|----|------|
| I11 | I10 | X[7..0] |
| 0 | 0 | R0[7..0] |
| 0 | 1 | R1[7..0] |
| 1 | 0 | R2[7..0] |
| 1 | 1 | R3[7..0] |

### 附表 6　4 选 1 多路选择器 MUX4_2 所完成的功能

| 输　入 | | 输　出 |
|----|----|------|
| I9 | I8 | Y[7..0] |
| 0 | 0 | R0[7..0] |
| 0 | 1 | R1[7..0] |
| 1 | 0 | R2[7..0] |
| 1 | 1 | R3[7..0] |

### 附表 7　3 选 1 多路选择器 MUX3_1 所完成的功能

| 输　入 | | 输　出 |
|----|----|------|
| SW_B | RAM_B | DBUS[7..0] |
| 0 | × | INBUS[7..0] |
| 1 | 0 | RAMOUT [7..0] |
| 1 | 1 | FEN2OUT[7..0] |

### 附表 8　3 选 1 多路选择器 MUX3_2 所完成的功能

| 输　入 | | | 输　出 |
|----|----|----|------|
| ALU_B | RS_B | ADDR_B | DBUS[7..0] |
| 0 | × | × | ALUOUT [7..0] |
| 1 | 0 | × | RSOUT[7..0] |
| 1 | 1 | 0 | AOUT[7..0] |
| 1 | 1 | 1 | 0 |

### 附表 9　1：2 分配器 FEN2 的功能表

| 输　入 | 输　　出 | |
|---|---|---|
| LED_B | FENOUT[7..0] | OUTBUS[7..0] |
| 0 | | DBUS[7..0] |
| 1 | DBUS[7..0] | |

### 附表 10　程序计数器 PC 的功能表

| CLR | LOAD | LDPC | 功　　能 |
|---|---|---|---|
| 0 | × | × | 将 PC 清 0 |
| 1 | 0 | ↑ | BUS→PC |
| 1 | 1 | 0 | 不装入，也不计数 |
| 1 | 1 | ↑ | PC+1 |

### 附表 11　ROM 的功能表

| CS_I | 功　　能 |
|---|---|
| 0 | 读 |
| 1 | 不选择 |

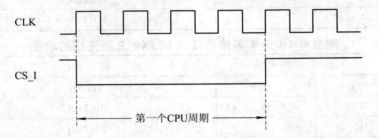

附图 6　CISC 模型机中 ROM 芯片的读操作时序图

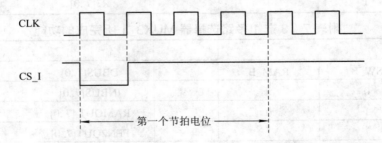

附图 7　RISC 模型机中 ROM 芯片的读操作时序图

### 附表 12　RAM 的功能表

| CS_D | RD_D | 功　　能 |
|---|---|---|
| 1 | × | 不选择 |
| 0 | 0 | 写 |
| 0 | 1 | 读 |

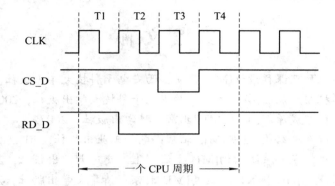

附图 8　CISC 模型机中 RAM 芯片的写操作时序图

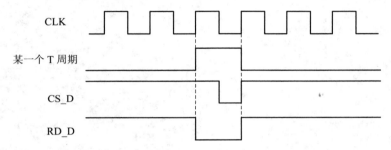

附图 9　RISC 模型机中 RAM 芯片的写操作时序图

# 参 考 文 献

[1]　陈智勇. 计算机原理课程设计[M]. 西安：西安电子科技大学出版社，2006.

[2]　陈智勇. 计算机组成原理[M]. 西安：西安电子科技大学出版社，2009.

[3]　白中英. 计算机组成原理. 4 版[M]. 北京：科学出版社，2007.

[4]　陈智勇. 计算机系统结构. 2 版[M]. 北京：电子工业出版社，2012.

[5]　胡越明. 计算机组成与系统结构[M]. 上海：上海交通大学出版社，2002.

[6]　东方人华. MAX + plus Ⅱ入门与提高[M]. 北京：清华大学出版社，2004.